高等职业院校**信息技术**基础系列教材

信息技术基础
拓展模块

汪晓璐 方鹏◎主编

胡正好 蒋法成 鲍洪生 杨天雨 王鹏飞◎副主编

人民邮电出版社

北京

图书在版编目（CIP）数据

信息技术基础：拓展模块 / 汪晓璐，方鹏主编. --
北京：人民邮电出版社，2023.9
高等职业院校信息技术基础系列教材
ISBN 978-7-115-62512-0

Ⅰ. ①信… Ⅱ. ①汪… ②方… Ⅲ. ①电子计算机－
高等职业教育－教材 Ⅳ. ①TP3

中国国家版本馆CIP数据核字（2023）第162260号

内 容 提 要

本书为"信息技术基础"系列书的下篇，上篇为《计算机应用基础（Windows 10+Office 2016）（第 2 版）》（人民邮电出版社）。

本书共 12 个学习单元，内容包括信息安全基础、项目管理基础、机器人流程自动化基础、程序设计基础、大数据基础、人工智能基础、云计算基础、现代通信技术基础、物联网技术基础、数字媒体基础、虚拟现实基础和区块链基础等。

本书体系完整，内容与实例紧密结合，可操作性强，并为主要操作单元配备微课，有助于学生更好地理解和应用知识，达到学以致用的目的。

本书可作为高等职业院校信息技术基础课程的教学用书，也可作为高等院校、各类培训机构的教材，还可作为计算机从业人员和信息技术爱好者的参考书。

◆ 主　　编　汪晓璐　方　鹏
　　副 主 编　胡正好　蒋法成　鲍洪生　杨天雨　王鹏飞
　　责任编辑　王亚娜
　　责任印制　焦志炜

◆ 人民邮电出版社出版发行　　北京市丰台区成寿寺路 11 号
　　邮编　100164　　电子邮件　315@ptpress.com.cn
　　网址　https://www.ptpress.com.cn
　　涿州市京南印刷厂印刷

◆ 开本：787×1092　1/16
　　印张：14.75　　　　　　　　　　2023 年 9 月第 1 版
　　字数：349 千字　　　　　　　　2023 年 9 月河北第 1 次印刷

定价：59.80 元

读者服务热线：（010）81055256　印装质量热线：（010）81055316
反盗版热线：（010）81055315
广告经营许可证：京东市监广登字 20170147 号

前言
Preface

　　信息技术是当今社会发展的重要推动力量。在信息技术高速发展的今天，熟练掌握信息技术知识和技能，正确运用信息技术手段已经成为人们生存和发展的必备素养。

　　2021 年 4 月，教育部制定出台的指导高等职业教育专科信息技术课程教学开展的纲领性标准《高等职业教育专科信息技术课程标准（2021 年版）》明确指出，高等职业教育专科信息技术课程是各专业学生必修或限定选修的公共基础课程。其学科核心素养主要包括信息意识、计算思维、数字化创新与发展、信息社会责任四个方面。目标是通过理论知识学习、技能训练和综合应用实践，培养高等职业教育专科学生的综合信息素养，培养信息意识与计算思维，提升数字化创新与发展能力，促进专业技术与信息技术融合，并树立正确的信息社会价值观和责任感。

一、教材特色

　　（1）本书在对标《高等职业教育专科信息技术课程标准（2021 年版）》的同时，融入了时下的新技术和产品形态，内容的前瞻性可以引导学生了解信息技术的发展趋势，培养其应对新技术革命的能力。

　　（2）坚持"以学生能力为本位"，本书在编写过程中贯彻"立足实用，注重理论与实践相结合"的原则。丰富的案例分析和实验设计，加强了教材的实践性，可提高学生运用所学知识解决实际问题的能力。

　　（3）本书构建了系统性能力和素质培养体系，突出职业品德培养要求，以职业场景和项目任务为载体，理论以必需、够用为原则，侧重于技术与方法的学习，论述严谨，操作性强。

　　（4）全书以任务引导、任务实施为主线，融入"小思考""小提示"等趣味性小栏目，为学生提供了更多解决问题的方法和更全面的知识，同时激发学生的学习兴趣，使其可以边实践、边学习、边思考、边总结、边构建，增强学生处理、拓展和迁移同类问题的能力。

二、课程内容

　　信息技术课程由基础模块和拓展模块两部分构成。本书是拓展模块，具体内容如下。（建议学时为 32 ～ 80 学时。）

　　（1）信息安全基础，包含信息安全概念、信息安全技术、信息安全工具等内容。

　　（2）项目管理基础，包含项目管理基础知识和项目管理工具应用等内容。

　　（3）机器人流程自动化基础，包含机器人流程自动化基础知识、RPA 技术框架、软件机器人的创建流程等内容。

　　（4）程序设计基础，包含程序设计基础知识、程序设计流程、编写与验证程序等内容。

（5）大数据基础，包含大数据基础知识、大数据安全防护、大数据相关技术、大数据可视化及搭建大数据环境等内容。

（6）人工智能基础，包含人工智能基础知识、人工智能核心技术、应用和开发人工智能项目等内容。

（7）云计算基础，包含云计算基础知识、云计算商业生态应用、云计算管理平台等内容。

（8）现代通信技术基础，包含现代通信技术基础、移动通信技术、5G技术等内容。

（9）物联网技术基础，包含物联网技术基础知识、物联网体系结构和关键技术、物联网云平台应用等内容。

（10）数字媒体基础，包含数字媒体基础知识、数字媒体主流工具、交互式数字媒体制作等内容。

（11）虚拟现实基础，包含虚拟现实基础知识、虚拟现实的构成元素、构建虚拟仿真课件等内容。

（12）区块链基础，包含区块链基础知识、区块链技术、区块链应用领域等内容。

本书由江苏经贸职业技术学院汪晓璐，长江职业学院方鹏任主编；南京米好信息安全有限公司胡正好，南京恒点信息技术有限公司蒋法成，江苏经贸职业技术学院鲍洪生、杨天雨、王鹏飞任副主编；由江苏经贸职业技术学院李畅主审。南京信息职业技术学院黄丽娟、诺基亚杨光、江苏一道云科技发展有限公司宋学永也参与了本书的编写，并给予技术支撑。本书得到了全国高等院校计算机基础教育研究会计算机基础教育教学研究项目的支持（项目编号：2023-AFCEC-036）。

人工智能、大数据、云计算等新技术的发展，正在重塑人类的生产生活方式和社会形态。信息技术的发展日新月异，信息技术人才的培养也面临新的课题和挑战，教材的编写会是一项长期的工作。我们将依托新技术的出现，对教材内容进行修订和补充；凭借教学实践经验的积累，改进教材的结构和编排方式；尊重读者反馈意见，修正教材中的不足之处。只有这样，教材才能具有更强的实用性，为广大读者提供新的信息技术知识，满足他们的学习需要。

我们相信，在广大读者和专家的支持下，本书一定能不断优化，为我国信息技术人才的培养贡献力量。我们将继续努力，竭诚为读者服务！

编者
2023 年 7 月

目录
Contents

学习单元 1　信息安全基础

【知识目标】

1. 识记：信息安全基础知识，包括信息安全基本要素、信息安全等级保护等。
2. 领会：信息安全相关技术和保护信息安全的方法。

【能力目标】

1. 能够配置操作系统防火墙保护信息安全。
2. 能够配置操作系统防病毒软件保护信息安全。
3. 能够使用第三方信息安全工具。

【素质目标】

1. 能够通过对信息安全知识的学习，提高自学能力和安全意识。
2. 能够通过信息安全工具的使用，提高实践操作水平和独立解决问题的能力。

单元导读

　　随着 IT 行业的不断发展，计算机网络等信息系统资源已经在现代社会生活中不可或缺，信息系统的安全也变得日益重要。近年来，出现了许多网络攻击事件，包括网络上的大规模隐私信息泄露等，说明当前的信息安全状况有待改进。信息安全已经是关系到国家安全、社会稳定、经济发展的重大课题，不论是作为信息安全工作者还是普通用户，都有必要掌握基本的信息安全知识，养成良好的安全防范意识，并能够采取防护措施保护信息安全。

　　信息安全涉及的技术非常多，同时也是技术难度较高的专业领域。为了让初学者在较短时间内对信息安全有比较全面的了解，并掌握一些基础技能，本单元制订了如下任务。

　　1. 认识信息安全。

　　2. 了解信息安全技术。

　　3. 应用信息安全工具。

任务 1.1 认识信息安全

任务描述

学习信息安全技术，我们必须先掌握信息安全的基础知识，包括信息安全的定义、信息安全现状、信息安全基本要素、信息安全常见问题、信息安全问题产生的原因、信息安全相关法规和信息安全等级保护等。

任务目标

1. 了解信息安全基本概念。
2. 探索信息安全常见问题和产生的原因。
3. 了解信息安全政策法规和标准。

小思考：我们目前在工作、学习和生活中面临哪些信息安全隐患？原因是什么？是否存在绝对可靠的防护手段？

任务实现

典型工作环节 1　了解信息安全基本概念

1. 信息安全的定义

信息安全目前没有统一、权威的定义，这里给出一个简略定义：信息安全指信息产生、制作、传播、收集、处理和选取等过程中产生的信息资源安全。

信息安全有时会和计算机安全、网络安全等术语相互替换使用。根据国家标准，网络空间安全已经成为和其他计算机类学科平行的一级学科，应该把和信息系统相关的安全问题归类为网络空间安全（有时也简称网络安全）问题。传统意义上比较狭义的信息安全偏重学术理论，主要研究类似加解密算法等问题，不牵涉网络空间安全领域的攻防对抗等问题，但在不太严谨的场合也可以包括所有的信息系统安全问题，所以本单元叙述时不严格区分信息安全和网络安全等术语。

理论上一个复杂的信息系统想要达到安全标准，需要满足 5 个基本要素，即保密性、完整性、可用性、可控性和不可否认性。为满足这些要素，需要借助数据加密、身份认证、授权访问和行为审计等技术手段，如图 1-1 所示。

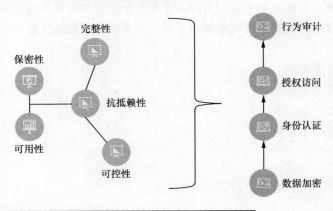

图 1-1
信息安全基本要素和技术手段

（1）保密性

保密性要求包含的数据内容不被泄露。保密性是信息安全一诞生就要求具有的特性，也是信息安全主要的研究内容之一，通俗地讲，就是指非授权者不能获取敏感信息。

对于传统的纸质文档信息，只需要保护好文件，不被非授权者接触即可保密。而对于计算机及网络环境中的信息，不仅要制止非授权者对信息的阅读，还要阻止授权者将其访问的信息传递给非授权者，即信息泄露。保证保密性的主要技术手段是数据加密，通过加密让非授权者无法看懂敏感信息，从而防止信息泄露。

（2）完整性

除了保密性，安全的系统还要求对信息的来源进行判断，能对伪造来源的信息予以鉴别，同时要求保护的数据内容是完整的、没有被篡改的。用来保证完整性的技术手段有数字签名。数字签名使用了现代密码学技术让信息保持完整，其基本原理是在原始的传输信息上附加签名信息，如果信息在传输过程中被蓄意地修改、插入、删除等，则传输完成后重新计算的数字签名会检测出错误。现代信息系统身份认证的底层技术原理就是数字签名。

（3）可用性

可用性指让得到授权的实体在有效时间内能够访问和使用需要的数据和数据服务。实现了保密性和完整性的系统满足了基本的安全需求，但在很多场合还需要防止攻击者对信息可用性的破坏。可用性是在信息安全保护阶段对信息安全提出的新要求，也是在网络化空间中必须满足的一项信息安全要求，一般通过综合利用授权访问、行为审计、漏洞修补等技术手段来保证信息的可用性。

（4）可控性

可控性指网络资源和信息在传输范围和存放空间内的可控程度，体现的是网络系统对信息传输的控制能力。使用授权机制控制信息传播范围、内容，加上必要的恢复手段，能保证网络资源及信息的可控性。

（5）抗抵赖性

在一些正规、严谨的场合，除了需要满足上述信息安全基本要素，还需要保证通信双方不会相互攻击，即在网络环境中，信息交换的双方不能否认其在交换过程中发送信息或接收信息的行为，亦称为抗抵赖性。

2. 信息安全现状

现阶段，操作系统等 IT 基础设施在安全设计技术上有了显著的进步，普通用户的安全意识也有了较大的提高，系统级的防火墙、杀毒软件和安全管理工具基本成为标配，已经较少出现大规模计算机病毒肆虐的事件，但实际上信息安全形势并没有发生根本变化，只是攻防对抗进入更专业、更隐蔽的层次。

如今，信息安全已经由主机的安全发展到了网络的安全，从单层次的安全发展到了多层次、立体的安全，从个人信息安全发展到了国家信息安全。可以说，网络技术的发展在带来巨大便利的同时，也带来了巨大的风险，尤其是在国家层面。不充分使用"信息时代"的成果会使国家和社会落后，因此必须普及和发展信息技术，然而管理和操作稍有不慎就有可能造成极其严重的后果，所以必须处理好信息安全问题。

信息安全牵涉的技术问题非常复杂，而且信息技术还处于不断发展的阶段，所以目前不存在绝对的一劳永逸的信息安全防护方案。总体而言，当前的信息安全防护方法大多是被动的，信息技术普及的必要性和信息安全尚不能满足需求的矛盾推动着信息安全学科的发展。

典型工作环节 2　探索信息安全常见问题和产生的原因

1. 信息安全常见问题

在现实世界里，信息系统并不总能满足安全要求，攻击者总是会想方设法利用一切可能的漏洞进行攻击以获取利益。下面是一些常见的信息安全问题。

（1）泄露

泄露指信息被泄露或透露给某个非授权的实体。在管理不够严密的系统中，容易发生信息泄露事件。

（2）窃听

窃听指用各种可能的合法或非法的手段窃取系统中的信息资源和敏感信息。例如对通信线路中传输的信号搭线监听，或者利用通信设备在工作过程中产生的电磁泄漏截取有用信息等。在没有加密保护的公开网络环境里，容易发生窃听攻击事件。

（3）假冒

假冒指通过欺骗通信系统（或用户）达到非法用户冒充成为合法用户或者权限低的用户冒充成为权限高的用户的目的。黑客经常采用假冒攻击方法，例如通过破解口令冒充合法用户登录系统，创建一个表面看上去和合法网站非常相似的"钓鱼网站"。

（4）伪造

伪造指数据被非授权地进行增删、修改或破坏而遭受损失。缺少认证机制的早期协议和应用程序容易遭受伪造攻击。

（5）越权

越权指某一资源被某个非授权的人或以非授权的方式使用。在管理不当、有安全漏洞的系统中，越权攻击是较为普遍的问题。

（6）拒绝服务

拒绝服务指信息或其他资源的合法访问被恶意阻止，攻击者可能通过某些安全漏洞发送特殊数据，也可能通过直接发送海量垃圾数据包的方式去耗尽攻击目标的服务资源来达到拒绝服务的目的。

近年来，有不少网络入侵与信息泄露事件发生。例如，2017 年征信公司 Equifax 的数据泄露事件，导致大量居民个人隐私信息被泄露。这些信息安全问题要求人们采取更好的措施保护网络信息的安全。

2. 信息安全问题产生的原因

信息安全问题产生的原因主要包括技术、流程和人 3 个方面，如图 1-2 所示。从技术角度来说，任何足够复杂的系统都无法绝对避免漏洞，现代信息系统也不例外。从流程角度看，系统的易用性和安全性是矛盾的，越是安全的系统使用起来通常也越麻烦，为了使用便利经常需要牺牲一定程度的安全性。除了技术和流程问题，还有人的问题，且由人导致的安全问题往往是最多的，原因可能是安全意识薄弱或缺乏相关的技能等。研究表明，成功的网络攻击中有 85% 是通过"网络钓鱼"发起的。因此，越来越多的组织、机构通过进行安全知识和技能培训来"武装"员工，形成一道"人力防火墙"，以减少人为的安全问题。

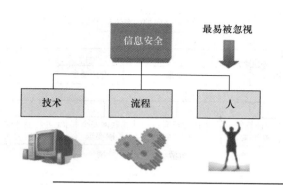

图 1-2
信息安全问题产生
的原因

典型工作环节 3 了解信息安全政策法规和标准

在早期，信息安全是一个相对比较特殊的领域，公众对它不够了解，技术和流程上都缺少严格、统一的标准，仅有行业内的部分企业制定了一些零散的规范。随着信息安全的地位日益提高，很多国家包括我国都出台了信息安全相关的法律法规和标准，让信息安全工作者有章可循，普通用户也能利用这些法律法规更好地保护自己的利益。

信息安全领域的一个重要概念是信息安全等级保护，它指对信息和信息载体按照重要性等级分级别进行保护。在我国，信息安全等级保护广义上指依据等级保护思想开展的安全工作，狭义上一般指信息系统安全等级保护。

2017 年 6 月 1 日正式实施的《中华人民共和国网络安全法》是我国网络空间安全管理的框架性法律，首次将等级保护制度写入了法律条文。根据《信息安全等级保护管理办法》规定，我国信息系统的安全保护等级从低到高分为自主保护、指导保护、监督保护、强制保护和专控保护 5 级，如图 1-3 所示。

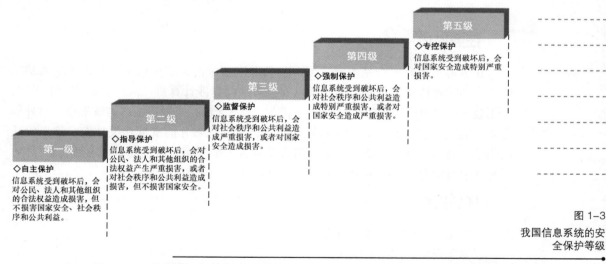

图 1-3
我国信息系统的安
全保护等级

2019 年 5 月 13 日，网络安全等级保护制度国家标准的 2.0 版本发布，新版等级保护的对象范围在旧版本的基础上，新增了对云计算、移动互联、物联网、工业控制系统和大数据等安全扩展要求，如图 1-4 所示。新版等级保护标准的内涵也更加丰富，除了 1.0 版本就有的网络定级及备案审核、等级测评、安全建设整改、自查等规定动作，还增加了测评活动安全管理、网络服务管理、产品服务采购使用管理、技术维护管理、监测预警和信息通报管理、数据和信息安全保护要求、应急处置要求等内容。

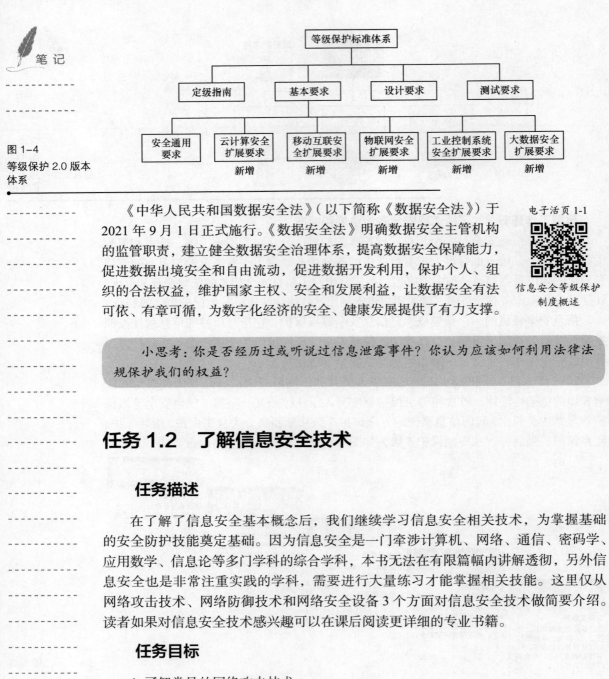

图 1-4
等级保护 2.0 版本
体系

《中华人民共和国数据安全法》（以下简称《数据安全法》）于 2021 年 9 月 1 日正式施行。《数据安全法》明确数据安全主管机构的监管职责，建立健全数据安全治理体系，提高数据安全保障能力，促进数据出境安全和自由流动，促进数据开发利用，保护个人、组织的合法权益，维护国家主权、安全和发展利益，让数据安全有法可依、有章可循，为数字化经济的安全、健康发展提供了有力支撑。

电子活页 1-1

信息安全等级保护
制度概述

　　小思考：你是否经历过或听说过信息泄露事件？你认为应该如何利用法律法规保护我们的权益？

任务 1.2　了解信息安全技术

任务描述

　　在了解了信息安全基本概念后，我们继续学习信息安全相关技术，为掌握基础的安全防护技能奠定基础。因为信息安全是一门牵涉计算机、网络、通信、密码学、应用数学、信息论等多门学科的综合学科，本书无法在有限篇幅内讲解透彻，另外信息安全也是非常注重实践的学科，需要进行大量练习才能掌握相关技能。这里仅从网络攻击技术、网络防御技术和网络安全设备 3 个方面对信息安全技术做简要介绍。读者如果对信息安全技术感兴趣可以在课后阅读更详细的专业书籍。

任务目标

1. 了解常见的网络攻击技术。
2. 熟悉常见的网络防御技术。
3. 理解常见网络安全设备的原理和作用。

任务实现

典型工作环节 1　初识网络攻击技术

　　理论上，任何形式的安全漏洞都有遭受潜在安全攻击的风险，攻击手段也五花八门。从黑客攻击或渗透测试的角度可以将大部分攻击技术归类为以下几种。

（1）网络扫描

网络扫描指黑客利用扫描程序去扫描联网的目标系统上开放的端口等，最终目的是发现漏洞，为入侵该目标系统做准备。常见的安全漏洞包括弱口令漏洞、操作系统漏洞和应用软件漏洞。

（2）网络监听

网络监听也常被称为网络窃听，是一种比较被动的攻击方式，指黑客不主动去攻击别人，而是在目标系统上设置一个程序去监听目标系统与其他系统的通信。

（3）远程控制

远程控制指黑客通过探测发现目标系统存在漏洞后，利用漏洞实施某种入侵操作，直接进入目标系统，远程控制目标系统做权限范围内的事情。

（4）后门植入

后门植入指黑客成功入侵目标系统后，为了未来继续长期稳定控制目标系统，在目标系统中安装木马病毒等后门程序。

（5）痕迹消除

痕迹消除指黑客在入侵目标系统操作结束退出后，将入侵的痕迹清除，以防止管理员发现。

信息安全领域和其他专业领域的一个不同之处是，作为安全防御方，不能只学习防御理论和技术，也必须具备黑客的渗透能力，有能力对测试目标运用各种攻击手段并实现入侵。渗透测试人员攻击的目的是找出测试目标的安全漏洞，从而能有针对性地进行安全加固以保护测试目标。图 1-5 所示是典型的渗透测试工作流程。

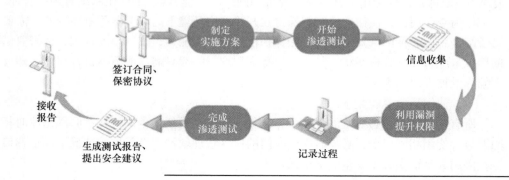

图 1-5
典型的渗透测试
工作流程

需要注意的是，在没有合法授权的情况下，对信息系统进行任何渗透测试都是违反法律的。所以正规的安全渗透测试人员只会在自己构建的虚拟环境或已经获得正式法律授权的环境下进行渗透测试工作。有兴趣深入学习网络安全攻防知识的读者，可以在自己构建的虚拟环境下学习技术，如果想合法测试自己的技术水平，可以参加各类正规夺旗（Capture The Flag，CTF）竞赛，或者参加合法的真实环境攻防对抗活动，如护网行动等。

电子活页 1-2

CTF 竞赛

典型工作环节 2　认识网络防御技术

网络防御技术有很多种，主要包括以下几类。

（1）加密认证技术

利用现代密码学原理，可以对传输数据进行加密以防止被监听、窃取，也可以对

笔 记

数据进行数字签名认证，防止数据被篡改、伪造。

有很多系统和第三方工具能够自动对传输数据进行加密和认证操作，包括常用的虚拟专用网络（Virtual Private Network，VPN）工具。

（2）防火墙技术

防火墙是保护网络安全的基本措施，利用防火墙可以根据需求对传输的数据进行过滤，从而阻止一些入侵行为。需要注意的是，防火墙需要精心配置才能发挥作用，否则可能会阻碍正常通信，同时防火墙也不是万能的，无法阻止所有入侵行为。

电子活页 1-3

护网行动

防火墙可以是硬件也可以是软件，一般硬件防火墙被安装在网络门户入口位置，由组织或机构的管理员统一管理；软件防火墙则是现代操作系统（包括 Windows 和 Linux）自带的，一般由用户自己设置、管理。

（3）防病毒技术

如果系统已经被植入了计算机病毒，就需要清除。手动清除效率低，对用户水平要求高，因此需要利用专门的防病毒工具进行清除。

防病毒工具也称杀毒软件，它的开发难度较高，以前多是收费软件，随着技术发展和行业形式的变化，现在出现了很多免费的杀毒软件，一些操作系统也自带了杀毒软件。

（4）入侵检测技术

如果防火墙等普通防线被攻破了，就需要用其他手段检测恶意行为，上报系统和管理员处理，使用较多的是入侵检测系统（Intrusion Detection System，IDS）。入侵检测系统和防火墙一样可以是硬件也可以是软件，但因为它的技术含量更高且配置更复杂，一般都是作为专用硬件设备被配置到网络的关键节点上的，由系统管理员管理。

作为专业用户，往往需要管理暴露在开放网络环境下的服务器等重要资产，需要具备综合利用各种网络安全防御方法保护信息资产的能力，技术难度较大，常需要借助第三方综合安全管理系统工具。作为普通用户，一般只需养成下列良好习惯，即可大幅降低被入侵的概率。

（1）使用强口令和数字证书

所有账号使用足够复杂的强口令，尽量做到定期更新口令，不在不同网站注册相同账号和使用相同口令，必要时使用专门的口令管理软件。有条件的情况下不依赖口令，使用数字证书等更安全的身份认证方式。

（2）谨慎上网

注意防范网络欺骗，不去访问不可靠的可疑网站，不看可疑的电子邮件和附件，在互联网上下载软件时，尽量直接到可信的官方网站下载，不依赖不可靠的搜索引擎。

（3）加密

在条件具体时尽量用加密技术保护自己的网络通信和隐私安全，尽量使用最新的比较可靠的安全协议和网络应用程序。

（4）漏洞修复

现代操作系统和大型应用软件都很复杂，一般会定期暴露出安全漏洞，需要关注并及时安装官方给出的用于修复漏洞的安全补丁。

（5）备份

加强安全措施只能降低被攻击的概率，不可能百分之百避免攻击，定期备份重要数据可以防止被攻击后造成不可挽回的损失。

> 小思考：你是否经历过或者听说过网络黑客攻击事件？怎样才能尽量避免遭受攻击？

典型工作环节 3　选用常见的网络安全设备

在小规模的网络环境中，例如个人计算机上，可以根据需求自行安装和配置各种工具，采用各种手段来保护信息安全；但在规模较大的网络环境中，如果想高效地保护信息安全，则需要使用专业的网络安全设备。

网络安全设备的种类很多，而且随着技术的发展还在不断创新、改进，这里简单介绍两种主流的网络安全设备——防火墙和入侵检测系统及其使用场景。

1. 防火墙

前面介绍网络防御技术时已经简单介绍过防火墙，在计算机网络（特别是互联网）中，防火墙特指一种在本地信任网络与外界非信任网络之间的安全防御系统，如图 1-6 所示。防火墙能够有效隔离风险区域与安全区域，同时不会妨碍安全区域对风险区域的访问。防火墙具有以下属性。

（1）防火墙是不同网络或者安全区域之间数据流的唯一通道，所有数据流必须经过防火墙。

（2）只有经过授权的合法数据，即防火墙安全策略允许的数据才可以通过防火墙。

（3）防火墙应具有很高的抗攻击能力，并且其自身不受各种攻击的影响。

（4）防火墙是位于两个或多个网络之间，实施访问控制策略的一个或一组构件的集合。

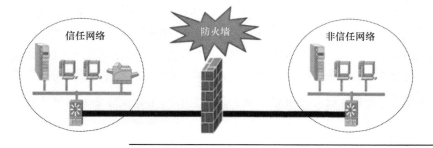

图 1-6
防火墙的隔离作用

防火墙是目前网络安全防护的标准配置，几乎所有比较重要、正式的组织与机构都会用防护墙来保护内部的信息资产。防火墙技术也随着网络安全要求的不断提高而不断改进，早期的防火墙基本是简单的包过滤防火墙，只能比较粗略地根据数据包网络层的地址或传输层代表网络应用程序的端口号进行数据流量控制，后来出现了一些技术含量更高的防火墙，其中用得比较多的是能够根据应用层的内容过滤和阻止对 Web 网站攻击流量的 Web 应用防火墙（Web Application Firewall，WAF），另外还有根据其他特殊需求设计的防火墙产品，如网络日志系统防火墙、网络流控设备防火墙等。现代防火墙的功能已经非常强大，但要用好防火墙也往往需要复杂的配置，比较考验管理员的技术水平。

2. 入侵检测系统

入侵检测系统能按照一定的安全策略，对网络、系统的运行状况进行监视，尽可能地发现各种攻击企图、攻击行为或攻击结果，以保证网络、系统资源的保

笔 记

密性、完整性和可用性。

入侵检测系统是对防火墙的合理补充，通常和防火墙配套使用，因为不论是传统的包过滤防火墙还是层次更高的 Web 应用防火墙，都不可能保证绝对的安全，总有一些攻击行为能够绕过防火墙，所以就需要有补救措施。入侵检测系统的工作就是识别出攻击行为，然后根据事先配置好的策略做相应的动作，包括给网络管理员发送通知、通知防火墙进行阻断和报警操作等，如图 1-7 所示。

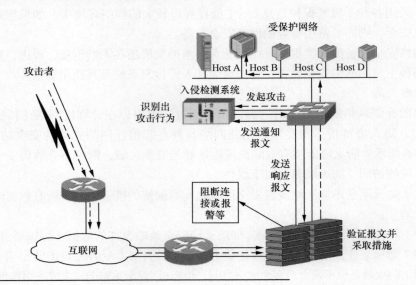

图 1-7
入侵检测系统和
防火墙的联动

在一些对信息安全要求更高的场合，事后补救的入侵检测系统也不能满足需求，需要升级为入侵防御系统（Intrusion Prevention System，IPS）。入侵防御系统是一种主动的、智能的入侵检测、防范、阻止系统，其设计旨在预先对入侵活动和攻击性网络流量进行拦截，避免造成任何损失，而不是简单地在恶意流量传送时或传送后才进行告警和阻止。

小思考：黑客可能会使用哪些攻击技术？有哪些有效的安全防护技术？

任务 1.3 应用信息安全工具

任务描述

在学习了信息安全基本概念和常见信息安全技术后，下面大家要通过几个信息安全应用案例来掌握基础安全防护技能。专业的信息安全防护工作门槛较高，需要大量理论知识的学习和长期的训练，这里仅从使用 Windows 操作系统的普通用户的角度出发，介绍如何配置常用的信息安全工具，达到加固系统、降低安全风险的目的，这也是普通用户最基础、最普遍的安全需求。

任务目标

1. 掌握操作系统防火墙的基本配置方法。

2. 掌握操作系统防病毒软件的基本配置方法。
3. 掌握第三方信息安全工具的基本使用方法。

任务实现

典型工作环节 1　配置操作系统防火墙

前文已经提到，防火墙是当前保护网络安全的基本措施之一，可以有效防御很多网络攻击行为。如果防火墙配置得当，即使操作系统或应用服务存在未修补的安全漏洞，往往也能阻止攻击者的恶意入侵行为。

普通用户能够接触到的防火墙通常是计算机操作系统自带的软件防火墙，目前在客户端使用较多的 Windows 10 操作系统就自带防火墙功能模块。下面简单介绍配置 Windows 操作系统防火墙的步骤。

（1）进入计算机的"控制面板"窗口，如图 1-8 所示，单击"系统和安全"选项。

图 1-8
"控制面板"窗口

（2）单击"Windows Defender 防火墙"选项，如图 1-9 所示。

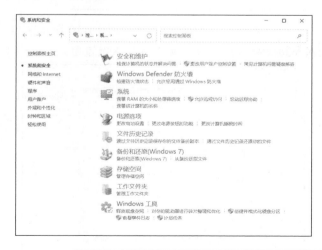

图 1-9
单击"Windows
Defender 防火墙"
选项

（3）单击"启用或关闭 Windows Defender 防火墙"选项，如图 1-10 所示。

笔 记

笔 记

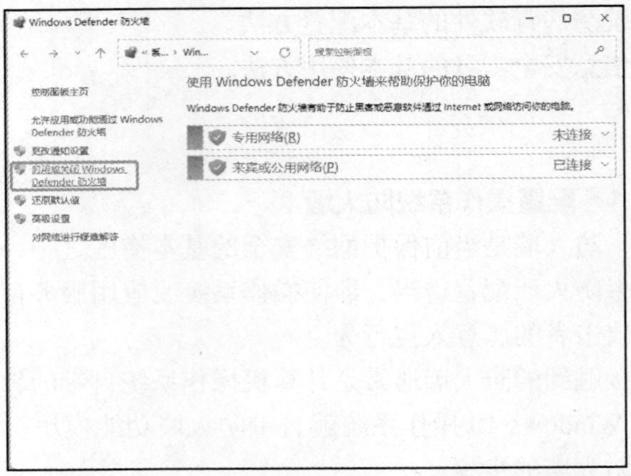

图 1-10
单击"启用或关闭
Windows Defender
防火墙"选项

（4）进入"自定义设置"窗口，如图 1-11 所示，在此窗口中可以选择在各类网络环境下防火墙的总体行为，也可以选择是否关闭防火墙。默认情况下防火墙是开启的，而且只阻止外网对未经允许内部应用的访问，不阻止系统应用访问外网，所以通常情况下防火墙的默认设置已经足够，既不会影响网络通信又有了基本的安全保护效果，无须改动。

图 1-11
"自定义设置"
窗口

（5）如果需要自行设置防火墙的详细规则，在图 1-10 所示窗口中单击"高级设置"选项，可进入 Windows Defender 防火墙的高级设置窗口，如图 1-12 所示。

图 1-12
防火墙的高级
设置窗口

笔 记

（6）在防火墙的高级设置窗口中可以根据具体的安全需求，创建或修改入站规则和出站规则，如图1-13所示。入站规则和出站规则都可以根据具体的应用程序名称、位置或协议端口号进行选择，规则的内容可以是允许或拒绝。

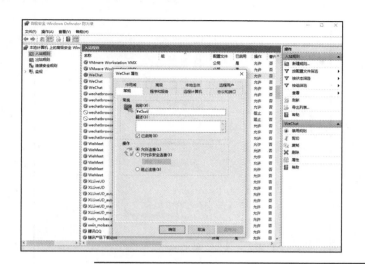

图 1-13
配置防火墙的
规则

典型工作环节2　配置操作系统防病毒软件

防病毒软件也是必不可少的安全防护工具，现在 Windows 操作系统基本自带防病毒功能，而且功能很强大，但在功能的全面性和界面上可能不如一些优秀的第三方防病毒软件。在 Windows 10 操作系统中配置防病毒软件的步骤如下。

（1）进入系统的"Windows 设置"窗口，单击"更新和安全"选项，如图 1-14 所示。

图 1-14
"Windows 设置"
窗口

（2）进入"Windows 安全中心"界面，如图 1-15 所示，单击"病毒和威胁防护"选项。

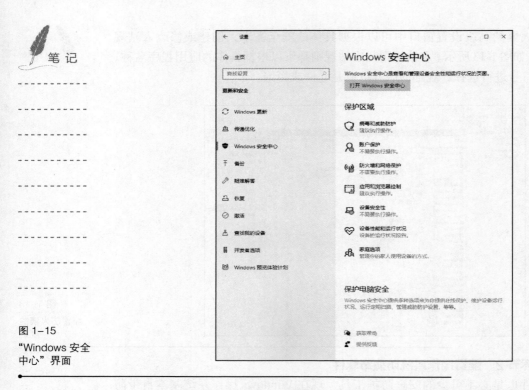

笔记

图 1-15
"Windows 安全
中心"界面

（3）进入"病毒和威胁防护"界面，如图 1-16 所示，单击"管理设置"选项。

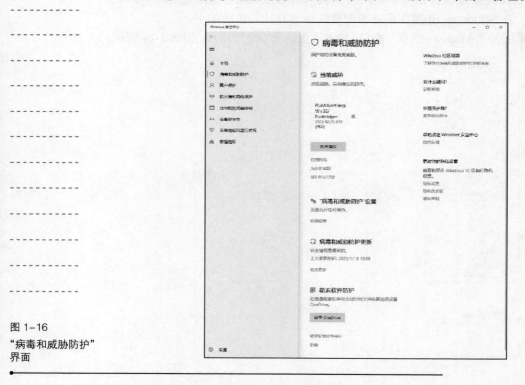

图 1-16
"病毒和威胁防护"
界面

（4）确认"实时保护""云提供的保护""自动提交样本""篡改防护"等都处于
打开状态，如图 1-17 所示，使系统具有最强的防病毒能力。

图 1-17
打开所有保护功能

典型工作环节 3　第三方信息安全工具的使用

除了系统自带的信息安全工具，使用优秀的第三方信息安全工具可以帮助用户更方便、细致地进行安全管理。目前国内使用较多的第三方信息安全工具是 360 安全卫士，它的功能丰富，除"杀毒"以外，还可以清理垃圾、修复系统漏洞、优化、管理软件等。下面以系统扫描和木马扫描查杀为例简单说明 360 安全卫士的使用方法。

（1）到 360 的官网下载 360 安全卫士并安装后，打开 360 安全卫士，可以对系统进行全面的安全扫描体检，如图 1-18，扫描结果如图 1-19 所示。

图 1-18　　　　　　　　　　　　　　　　　　　图 1-19
360 安全卫士界面　　　　　　　　　　　　　　　　扫描结果

（2）依次单击"木马查杀"→"快速查杀"按钮（见图 1-20），即可对系统进行木马扫描查杀，并可以基于查杀结果自动处理，扫描结果如图 1-21 所示。

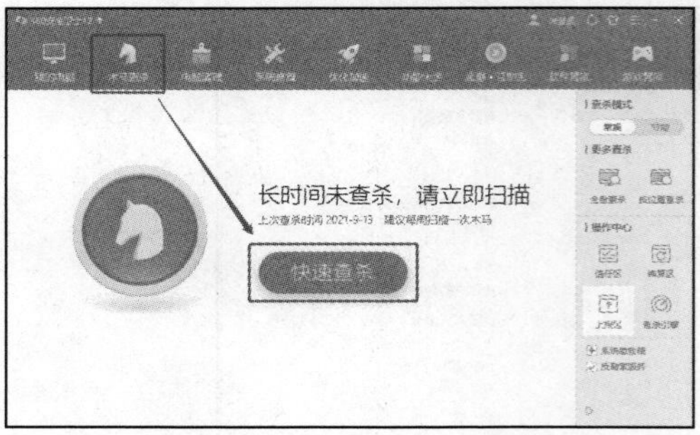

图 1-20
木马扫描查杀

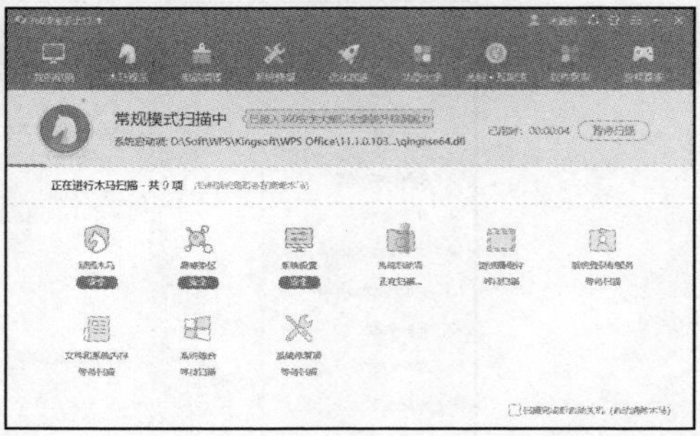

图 1-21
扫描结果

小思考：根据前面学习的知识，请思考这些工具是否已足够保障个人计算机安全，如果不能，那么还需要做哪些设置？

任务拓展

尝试自行配置攻击机和靶机，进行安全渗透测试。

电子活页 1-4

渗透测试示例

任务 1.4　练习

1. 选择题

（1）能够鉴别传输数据是否被篡改的信息安全要素是（　　）。

A. 保密性　　　　　　　　　　　B. 完整性

C. 可用性　　　　　　　　　　　D. 可控性

（2）根据《信息安全等级保护管理办法》，信息安全等级保护的第三级是（　　）。

A. 自主保护　　　　　　　　　　B. 指导保护

C. 监督保护　　　　　　　　　　D. 强制保护

（3）有能力过滤和阻止对 Web 网站渗透攻击流量的安全设备是（　　）。

A. 包过滤防火墙　　B. WAF　　　　C. 交换机　　　　D. 路由器

2. 简答题

（1）信息安全必须满足哪些要素？技术手段有哪些？

（2）信息安全面临的常见攻击有哪些？

（3）WAF 和普通包过滤防火墙的区别是什么？

3. 实训题

（1）配置 Windows 防火墙，添加一个入站规则，阻止外界远程访问本机桌面。

（2）下载并安装一个第三方信息安全工具，全面扫描计算机系统以检查是否有安全隐患。

学习单元 2　项目管理基础

学习目标

【知识目标】

1. 识记：项目管理的基本概念、项目管理的 4 个阶段和 5 个过程组。

2. 领会：信息技术与项目管理工具在现代项目管理中的重要作用、项目管理相关工具的功能与使用。

【能力目标】

1. 能够简单应用项目管理工具。

2. 能够使用相关项目管理工具创建和管理项目及任务。

【素质目标】

1. 能够针对现代项目管理的具体要求和任务，理解和运用信息技术、项目管理学等多学科知识，解决项目管理领域的实际问题；具有良好的人文科学素养、团队沟通与合作能力和爱岗敬业的从业态度。

2. 能够针对项目管理中的各项资源约束条件，借助项目管理工具对项目进行创建、管理与监控，利用项目管理工具进行资源平衡，优化进度计划；具备一定的全局意识和敏锐的行业观察能力，乐于学习项目管理领域的先进理论。

单元导读

　　什么是项目？项目是人们通过运用各种方法，将人力、材料和财务等资源组织起来，根据商业模式的相关策划与安排，进行一项短期一次性或长期无限期的工作任务，以期达到由数量和质量指标所限定的目标。

　　在项目的概念中，有几个至关重要的参数：项目范围、质量、成本、时间、资源。美国项目管理协会（Project Management Institute，PMI）在其出版的《项目管理知识体系指南》中为项目做的定义是：项目是为创造独特的产品、服务或成果而进行的体系化的工作。项目管理则是以项目及其资源为对象，运用系统的理论和方法，对项目进行高效率的计划、组织、实施、协调和控制，以实现项目目标的管理方法体系。

　　为了让大家尽快了解项目管理的方法，本单元制订了如下任务。

　　1. 初识项目管理。

　　2. 规划项目质量与项目风险。

　　3. 编制项目工作计划。

　　4. 利用项目管理工具创建项目。

　　5. 编制项目分组计划书。

任务 2.1　初识项目管理

任务描述

项目经理（Project Manager，PM）是指企业设立的以项目经理责任制为核心，对项目实行质量、安全、进度、成本管理的责任保证体系和全面提高项目管理水平的重要管理岗位。项目经理要负责处理所有事务性质的工作，是为项目的策划和执行负总责的人。

当你从初入职场的"小白"，逐步积累经验而成为一名项目经理时，你需要考虑的是如何制订具体的、阶段性的计划来保证项目的顺利完工，如何形成一个具有凝聚力、创造力的团队以高效完成既定的目标，如何对项目的人力、材料、资金、技术、信息等生产要素进行优化配置和动态管理，如何协调和处理项目内部与外部事项等。那么项目管理究竟包含哪些流程，每个阶段又要完成哪些事情？

任务目标

1. 了解项目管理的基本概念。
2. 掌握项目管理的 4 个阶段与 5 个过程组。
3. 了解项目管理知识体系的九大领域。

任务实现

典型工作环节 1　了解项目管理的基本概念

项目管理是基于管理学的一个分支学科，指在项目活动中运用各种知识技能、方法与工具，使项目能够在有限资源限定的条件下，实现或超过预定的需求和期望所开展的一系列管理活动。

项目管理理论发展于 20 世纪 30 年代后期。它是以具体项目的管理为研究对象，通过定性与定量相结合的方法，将一些先进的管理理念和手段引入日常的项目管理中，以此提高项目管理的效率。项目管理理论作为一门学科，具有成熟的理论基础和方法体系，已经在许多实际的项目管理过程中发挥重要的作用。

项目管理的对象是所有与顺利达成一系列项目目标相关的活动的整体。其目标主要有项目有关各方对项目本身的要求与期望，项目有关各方从各自利益点出发的不同的要求和期望，以及项目已识别和未识别的需求和期望。项目管理就是为了实现上述目标所开展的项目组织、计划、控制、领导和协调等相关活动。

电子活页 2-1

项目管理专业人士
资格认证（PMP）

典型工作环节 2　掌握项目管理的阶段

很多项目管理初学者都以为项目管理是一个烦琐的过程，其实按照一些基本的项目管理步骤，就可以在规定的时间内顺序完成所有任务。即完成一个项目需要依据一系列准则和质量标准，并经历一系列逻辑阶段。对项目管理而言，它一般遵循 4 个基本阶段或 5 个过程组。

1. 项目管理的 4 个基本阶段

（1）项目启动阶段：致力于找出客户的确切需求并分析是否具有完成项目所需的

必要资源。

（2）项目计划阶段：项目开发生命周期中需要制定的确切步骤的最佳时间。

（3）项目实施和控制阶段：这是项目管理中最重要的阶段，在此阶段中，需要准备可交付的成果并控制项目的发展。

（4）项目结束阶段：讨论过去发生的问题，为将来的项目做准备。

2. 项目管理的 5 个过程组

（1）启动过程组：获得授权，定义一个新项目或现有项目的一个新阶段，正式开始该项目或阶段的一组过程。

项目的启动过程就是一个新的项目识别与开始的过程。项目的启动阶段是决定是否投资，以及投资什么项目的关键阶段，此时的决策失误可能会造成巨大的损失。重视项目启动过程，是保证项目成功的首要步骤。

启动过程涉及项目范围的知识领域，其输出结果有制定项目章程、任命项目经理、确定约束条件与假设条件等。启动过程最主要的内容是进行项目的可行性研究与分析。

（2）计划过程组：明确项目范围，优化目标，为实现目标而制定行动方案的一组过程。

项目的计划过程是项目实施过程中非常重要的一个过程。对项目的范围、任务进行分解、分析，制订一个科学的计划，能使项目团队的工作有序地开展。有了计划，实施过程中才能有参照，并对计划不断修订与完善，以使后面的计划更符合实际，更准确地指导项目工作。

在项目的不同知识领域有不同的计划，应根据实际项目情况编制不同的计划，其中项目计划、范围说明书、工作分解结构、活动清单、网络图、进度计划、资源计划、成本估计、质量计划、风险计划、沟通计划、采购计划等，是项目计划过程常见的输出，应重点把握与运用。

（3）实施过程组：完成项目管理计划中确定的工作以实现项目目标的一组过程。

项目的实施一般指项目的主体内容的执行过程，但实施包括项目的前期工作，因此不仅要在具体实施过程中注意范围变更、记录项目信息、鼓励项目组成员努力完成项目，还要在开头与收尾过程中，强调实施的重点内容，如正式验收项目范围等。

在项目实施中，重要的内容就是项目信息的沟通，即及时提交项目进展信息，以项目报告的形式定期提交项目进度报告，这样有利于开展项目控制，为质量保证提供了手段。

（4）控制过程组：跟踪、审查和调整项目进展与绩效，识别必要的计划变更并启动相应变更的一组过程。

项目管理的过程控制是保证项目朝目标方向前进的重要过程，需要及时发现偏差并采取纠正措施，使项目进展朝向目标方向。

控制可以使实际进展符合计划，也可以修改计划使其更切合现状。修改计划的前提是项目符合期望的目标。控制的重点有范围变更、质量标准、状态报告及风险应对 4 个方面。处理好以上 4 个方面的控制，项目的控制任务大体上就能完成了。

（5）收尾过程组：为完结所有过程组的所有活动以正式结束项目或阶段而实施的一组过程。

一个项目有一个正式而有效的收尾过程，不仅可以让当前项目产生完整文档，对

笔 记

笔记

项目干系人有一个交代，还可以总结经验教训使其成为项目工作的重要财富。

项目收尾包括对最终产品进行验收、形成项目档案、吸取经验等。项目收尾的形式，可以根据项目的大小自由决定，可以通过召开发布会、表彰会、公布绩效评估等手段来进行，形式可根据情况调整，但目标一定要明确，并能达到一定效果。

典型工作环节 3　了解项目管理知识体系的九大领域

《项目管理知识体系指南》是 PMI 为制定的项目管理知识体系（Project Management Body Of Knowledge，PMBOK）出版的指导性文件。它将现代项目管理知识体系划分为九大领域，如图 2-1 所示。

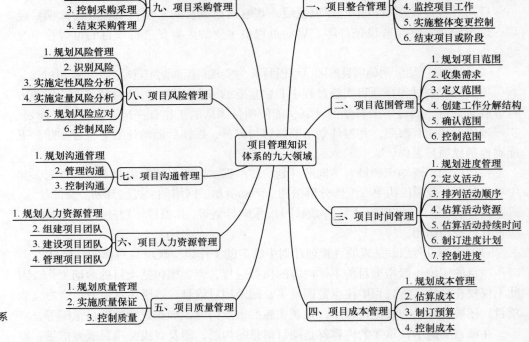

图 2-1
项目管理知识体系
的九大领域

1. 项目整合管理

项目整合管理包括识别、定义、组合、统一与协调项目管理过程中的各过程。项目整合管理从本质上来说就是以项目整体的利益最大化为目标对项目进行系统性的管理。其目的在于通过综合与协调管理好项目各方面的工作，确保整个项目的成功。其主要内容包括制定项目章程、制订项目管理计划、指导与管理项目工作、监控项目工作、实施整体变更控制和结束项目或阶段。

2. 项目范围管理

项目范围管理指的是对项目全过程中所涉及的可交付成果的范围及其工作范围进行全面的识别、确认和控制的管理活动。其目的在于通过对成功的界定和控制项目的工作范围与内容，确保项目的成功。其主要内容包括规划项目范围、收集需求、定义范围、创建工作分解

电子活页 2-2

项目整合管理
思维导图

电子活页 2-3

项目范围管理
思维导图

结构（Work Breakdown Structure，WBS）、确认范围和控制范围。

3. 项目时间管理

项目时间管理指在确定项目范围后，为了实现项目的最终目标、完成项目范围计划所规定的各项工作所开展的一系列管理活动。其目的在于通过做好项目的工期计划和控制，确保项目的成功。其主要内容包括规划进度管理、定义活动、排列活动顺序、估算活动资源、估算活动持续时间、制订进度计划和控制进度。

电子活页 2-4

项目时间管理
思维导图

4. 项目成本管理

项目成本管理指对为完成项目最终目标所开展的各项活动所需要的费用进行估算、预算，并对项目实际发生的成本进行控制使其不超过项目预算的管理过程。其目的是全面管理和控制项目的成本，从而确保项目在批准的预算内完工。其主要内容包括规划成本管理、估算成本、制定预算和控制成本。

电子活页 2-5

项目成本管理
思维导图

5. 项目质量管理

项目质量管理包括执行组织确定质量政策、目标与职责的各个过程和活动。其目的在于对项目的工作和项目成果进行严格的监控和有效的管理，从而保障最终的交付成果满足预定的质量需求。它通过适当的政策和程序，采用持续的过程改进活动来实施质量管理。其主要内容包括规划质量管理、实施质量保证和控制质量。

电子活页 2-6

项目质量管理
思维导图

6. 项目人力资源管理

项目人力资源管理包括组织、管理与领导项目团队的各个过程。项目团队由为完成项目而担任不同角色与职责的人员组成。随着项目的进展，项目团队成员的类型和数量可能会频繁变化。项目团队成员也被称为项目员工。尽管项目团队成员有不同的角色和职责，但让他们全员参与项目规划和决策仍是有益的。项目团队成员尽早参与，既可使他们对项目规划工作贡献专业技能，又可以增强他们对项目的责任感。其目的在于对项目组织和项目所需人力资源进行科学的确定和有效的管理，使项目团队成员充分地发挥其主观能动性，确保项目的成功。其主要内容包括规划人力资源管理、组建项目团队、建设项目团队和管理项目团队。

电子活页 2-7

项目人力资源
管理思维导图

7. 项目沟通管理

项目沟通管理包括为确保项目信息及时且恰当地生成、收集、发布、存储、调用并最终处置所需的各个过程。项目经理的大多数时间都用在与团队成员和其他干系人的沟通上，无论这些成员和干系人是来自组织内部（位于组织的各个层级上）还是组织外部。有效的沟通能在各种各样的项目干系人之间架起一座桥梁，把具有不同文化和组织背景、不同技能水平以及对项目执行或结果有不同观点和利益的干系人联系起来。其目的在于对项目所需的信息和项目干系人之间的沟通进行有效的管理，确保项目的成功。其主要内容包括规划沟通管理、管理沟通、控制沟通。

电子活页 2-8

项目沟通管理
思维导图

8. 项目风险管理

项目风险管理是指项目团队通过采取有效措施，使项目风险处于控制范围内或者

笔 记

电子活页 2-9

项目风险管理
思维导图

对项目产生的影响最小化。其目的在于对项目所面临的风险进行有效的识别、控制和管理，确保项目的顺利进行。其主要内容包括规划风险管理、识别风险、实施定性风险分析、实验定量风险分析、规划风险应对和控制风险。

9. 项目采购管理

项目采购管理是指在项目执行的全过程对项目从外部寻求和采购的材料、器械和劳务等各种资源的管理过程。其目的在于对项目所需的物资和劳务的获得与使用进行有效的管理，确保项目的成功。其主要内容包括规划采购管理、实施采购管理、控制采购管理和结束采购管理。

电子活页 2-10

项目采购管理
思维导图

> 小思考：项目管理有哪些基本要素？项目管理中最重要的角色是谁？

任务 2.2　规划项目质量与项目风险

任务描述

成功的项目管理是在约定的时间范围内，使成本预算及质量的要求达到项目干系人的期望。为了实现这一目标，项目经理在项目的管理中就要合理运用项目质量管理的相关知识。同时为了尽可能降低项目受不确定性事件的影响而出现无法交付的情况，对项目的风险识别和评估也必不可少。

任务目标

1. 了解项目质量管理和风险管理的基本概念。
2. 制订项目风险应对计划。

> 小思考：项目经理是怎样利用质量管理和风险管理来提高项目成功率的？

任务实现

典型工作环节 1　了解项目质量管理和风险管理概念

项目质量管理（Project Quality Management）是指对整个项目质量进行把控、管理的过程。项目质量管理的对象是项目交付物，根据 PMI 的《项目管理知识体系指南》，项目质量管理包括保证项目满足其目标要求所需要的过程。它涵盖"全面管理职能的所有活动，这些活动决定着质量的政策、目标、责任，并在质量体系中凭借质量计划编制、质量控制、质量保证和质量提高等措施决定着对质量政策的执行、对质量目标的完成以及对质量责任的履行"。项目质量管理的目的是确保项目满足它所应该满足的质量需求。

风险是指在项目进行中可能发生的不确定性事件，根据 PMI 的《项目管理知识体系指南》中的定义，风险既包括可能出现的机会，也包括可能出现的威胁。风险一旦发生，会对项目的范围、进度、成本和质量

电子活页 2-11

常见的项目风险

的至少一个方面产生影响。识别风险就是要识别出哪些风险会对项目产生影响，并简要描述这些风险及其后果，形成初步的风险登记册。

实施风险分析旨在对已经识别出的风险进行分析，了解风险发生的概率及其发生的后果，以便判断风险的严重性，并对风险进行优先级排序。

风险应对策略有以下几种。

（1）风险回避：指改变计划，使项目目标不受某个风险的影响。

（2）风险减轻：指采取措施降低风险发生的概率或后果。

（3）风险转移：指支付一定的费用把风险的后果转移给其他方。

（4）风险接受：指不采取主动管理措施或者根本无法采取主动管理措施。

（5）主动接受：指为风险准备不可预见费，在风险发生时使用。

（6）被动接受：指不做任何事情，等风险发生后再采取权变措施。

> 小思考：你能列举几个项目风险吗？这些风险哪些优先级高哪些优先级低？评价依据是什么？

典型工作环节2　制订项目风险应对计划

风险应对计划中应说明风险管理的流程和各步骤的工作内容和方法，并说明面对各阶段的主要风险时应采取哪种应对措施，并根据风险应对措施，对每个措施估算资金、资源和人员消耗，分别汇总。（可参考表 2-1 所示的初步风险登记册、表 2-2 所示的项目风险分析表及表 2-3 所示的项目风险应对计划表。）

表 2-1　初步风险登记册

初步风险登记册			
项目名称		项目经理	
编制者		编制时间	
序号	风险名称	风险描述	风险后果
1			
……			

表 2-2　项目风险分析表

项目风险分析表						
项目名称			项目经理			
编制者			编制时间			
序号	风险名称	概率	后果		严重性 （概率 × 后果）	风险排序	可否承受
			描述	打分			
1							
……							

表 2-3　项目风险应对计划表

项目风险应对计划表						
项目名称		项目经理				
编制者		编制时间				
序号	风险名称	应对策略	预防措施	应急措施	责任人	资源消耗
1						
……						

任务 2.3 编制项目工作计划

任务描述

项目工作计划就是对即将开展的项目工作的设想和安排，如提出任务、指标、完成时间和步骤方法等。随着项目规模越来越大，项目管理的难度会越来越高，项目工作计划会越发冗长，使用 WBS 可以帮助项目经理对项目成员手头的工作了如指掌，也能更好地把控项目整体进度。那么什么是 WBS？WBS 是项目管理的一个过程，它与因数分解原理相似，就是把一个项目，按一定的原则分解——将项目分解成任务，任务再分解成一项项工作，再把一项项工作分配到每个人的日常活动中，直到无法分解为止。那么如何利用 WBS 合理规划项目各项任务？使用 WBS 又有什么注意事项？一起来看看吧！

任务目标

1. 了解 WBS 的基本概念。
2. 创建项目的 WBS。
3. 了解 WBS 工作包。

任务实现

典型工作环节 1 了解 WBS 的基本概念

从任务 2.1 中我们已经了解现代项目管理知识体系可以划分为九大领域，WBS 是项目范围管理领域提出的一个核心概念。简单来说，它是以可交付成果为导向、对项目要素进行的分组，它归纳和定义了项目的整个工作范围，每下降一层代表对项目工作的更详细定义。WBS 总是处于计划过程的中心，也是制订进度计划、成本预算、风险管理计划和采购计划等的重要基础。

WBS 是项目管理中十分重要的技术工具。WBS 应以最终成果为导向逐层进行分解，由项目目标到项目可交付成果，再细分为项目工作包。工作包是 WBS 每条分支最底层的要素，也是对项目范围的最详细界定。创建 WBS 的主要作用有以下几点。

电子活页 2-12

RBS

（1）使进度计划、成本计划、质量计划更准确。

（2）展现出整个项目所要进行的全部工作及工作顺序，防止遗漏项目的可交付成果。

（3）清晰明了项目可交付成果，以便分配工作任务，指定责任人。

（4）为项目实施、绩效测量和项目控制提供依据。

（5）帮助分析项目的风险。

（6）使项目干系人对项目工作有全面、深入的了解。

在使用 WBS 对工作结构进行分解时，需要遵循的分解原则有以下几点。

（1）将主体目标逐步细化分解，最底层的日常活动可直接分派给个人去完成。

（2）每个任务原则上要求分解到不能再细分为止。

（3）日常活动要对应到人、时间和资金投入。

典型工作环节 2　创建项目的 WBS

创建 WBS 通常是由项目经理组织项目管理团队及其项目主要干系人，在项目范围说明书的基础上完成的。在对任务进行分解时，应以团队为中心，在进行自上而下与自下而上的充分沟通后再分解单项工作。在创建 WBS 时，应满足以下要求。

（1）一个单元工作或一项活动在 WBS 中只能出现一次。

（2）WBS 中某项任务的内容是其下所有 WBS 项的总和。

（3）一个 WBS 项只能由一个人负责，即使许多人都可能在其上工作，也只能由一个人负责，其他人只能是参与者。

（4）WBS 必须与实际工作中的执行方式一致。

（5）应让项目团队成员积极参与 WBS 的创建，以确保 WBS 的一致性。

（6）每个 WBS 项都必须文档化，以确保准确理解已包括和未包括的工作范围。

（7）WBS 必须能在根据范围说明书正常地维护项目工作内容的同时，也能适应无法避免的变更。

WBS 的最低层次的项目可交付成果称为工作包（Work Package），它用来对 WBS 中的组成部分进行详细描述。按照 PMI《项目管理知识体系指南》中的规定，工作包中的内容至少应包括工作包编号、工作描述、工作责任方，还可以根据实际需求加入成本估算、所需资源、质量要求、验收标准和采购信息等内容。

WBS 的创建应综合利用建设阶段分解和要素分解两种方法。通常使用的方法是自上而下逐步分解，并验证分解的必要性和充分性。WBS 只能包括完成项目所需的全部工作，不能遗漏也不能多余，基本步骤如下。

（1）明确项目的最终可交付成果。

（2）确定 WBS 的编排方法。

（3）对未完成项目最终可交付成果而必须提交的主要可交付成果给出定义。

（4）继续对主要可交付成果进行分解，直至分解为最底层的工作包。

（5）为 WBS 各要素分配编号。

（6）对 WBS 进行检查和修改，防止遗漏或多余工作的存在。

图 2-2 所示是某项目的 WBS。

电子活页 2-13

其他的 WBS
展示形式

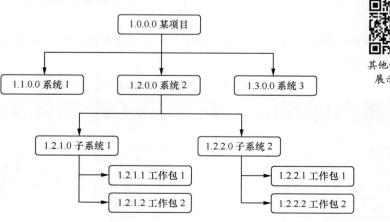

图 2-2
某项目的 WBS

笔记

如果以一个土地改造建设项目为例，那么它对应的 WBS 如图 2-3 所示。

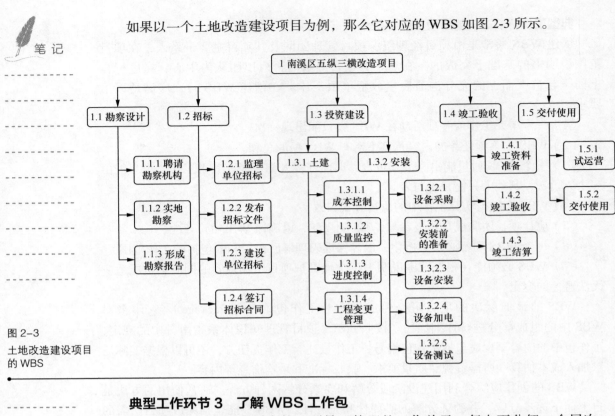

图 2-3
土地改造建设项目
的 WBS

典型工作环节 3　了解 WBS 工作包

WBS 将项目分解成更小的、更易于管理的工作单元。每向下分解一个层次，就代表对上一个层次的项目工作有了更详细的定义。WBS 最底层工作包的特点如下。

（1）工作包可以分配给另一位项目经理进行计划和执行。

（2）工作包可以通过子项目的方式进一步分解为子项目的 WBS。

（3）工作包可以在制订项目进度计划时，进一步分解为活动。

（4）工作包可以由唯一的一个部门或承包商负责。在组织之外分包时，工作包称为委托包。

（5）工作包的定义应考虑 80 小时法则（80-Hour Rule）或两周法则（Two-Week Rule）。

下面以上一典型工作环节中的土地改造建设项目为例，将 WBS 转换为工作包表格，如表 2-4 所示。

表 2-4　土地改造建设项目的 WBS 工作包汇总

工作包说明			
项目名称		项目经理	
编制者		编制时间	
WBS	任务名称	开始时间	完成时间
1.1	勘察设计	2021 年 9 月 30 日	2021 年 10 月 29 日
1.1.1	聘请勘察机构	2021 年 9 月 30 日	2021 年 9 月 30 日
1.1.2	实地勘察	2021 年 10 月 1 日	2021 年 10 月 7 日

续表

工作包说明			
项目名称		项目经理	
编制者		编制时间	
WBS	任务名称	开始时间	完成时间
1.1.3	形成勘察报告	2021 年 10 月 8 日	2021 年 10 月 28 日
1.2	招标	2021 年 10 月 29 日	2021 年 11 月 12 日
1.2.1	监理单位招标	2021 年 10 月 29 日	2021 年 11 月 2 日
1.2.2	发布招标文件	2021 年 11 月 3 日	2021 年 11 月 5 日
1.2.3	建设单位招标	2021 年 11 月 5 日	2021 年 11 月 11 日
1.2.4	签订招标合同	2021 年 11 月 12 日	2021 年 6 月 15 日
1.3	投资建设	2021 年 11 月 13 日	2022 年 6 月 15 日
1.3.1	土建	2021 年 11 月 13 日	2022 年 6 月 15 日
1.3.1.1	成本控制	2021 年 11 月 13 日	2022 年 6 月 15 日
1.3.1.2	质量监控	2021 年 11 月 13 日	2022 年 6 月 15 日
1.3.1.3	进度控制	2021 年 11 月 13 日	2022 年 6 月 15 日
1.3.1.4	工程变更管理	2021 年 11 月 13 日	2022 年 6 月 15 日
1.3.2	安装	2022 年 5 月 21 日	2022 年 6 月 23 日
1.3.2.1	设备采购	2022 年 5 月 9 日	2022 年 5 月 12 日
1.3.2.2	安装前的准备	2022 年 5 月 12 日	2022 年 5 月 17 日
1.3.2.3	设备安装	2022 年 5 月 17 日	2022 年 6 月 7 日
1.3.2.4	设备加电	2022 年 6 月 7 日	2022 年 6 月 14 日
1.3.2.5	设备测试	2022 年 6 月 15 日	2022 年 6 月 15 日
1.4	竣工验收	2022 年 6 月 16 日	2022 年 7 月 11 日
1.4.1	竣工资料准备	2022 年 6 月 16 日	2022 年 6 月 22 日
1.4.2	竣工验收	2022 年 6 月 23 日	2022 年 7 月 6 日
1.4.3	竣工结算	2022 年 7 月 7 日	2022 年 7 月 11 日
1.5	交付使用	2022 年 7 月 14 日	2022 年 10 月 7 日
1.5.1	试运营	2022 年 7 月 12 日	2022 年 10 月 3 日
1.5.2	交付使用	2022 年 10 月 4 日	2022 年 10 月 5 日

任务 2.4 利用项目管理工具创建项目

任务描述

项目管理工具（一般指软件）是为了使工作项目能够按照预定的成本、进度、质量顺利完成，而对人员、产品、过程和项目进行分析和管理的一类软件。项目管理工具以任务管理为核心，实现从项目立项、启动、计划、执行、控制至项目结束和总结的项目全过程管理。经过前面项目管理知识的铺垫和积累，是时候尝试使用项目管理工具创建一个项目，并对项目进行一些简单管理了。

任务目标

1. 了解常用的项目管理工具。
2. 使用项目管理工具创建项目。

任务实现

典型工作环节 1　了解常用的项目管理工具

项目管理工具是专门用来帮助计划和控制项目资源、成本与进度的计算机应用程序，主要用于收集、综合和分发项目管理过程的输入和输出。随着企业对项目管理水平和方法越来越重视，各类项目管理工具如雨后春笋般涌现。下面挑选了几款有一定代表性、功能较为全面的项目管理工具进行介绍。

1. PingCode

PingCode 是一种智能化研发管理工具，主要针对软件研发类的项目管理需求，可提供需求收集、需求优先级管理、产品路线规划、敏捷开发管理、瀑布 / 看板项目管理、测试管理、缺陷管理、文档管理、自动化、产研协作、发布上线等功能，同时满足非研发团队的流程规划、项目管理和在线办公需求。PingCode 适用的管理场景如图 2-4 所示。

敏捷开发	规模化敏捷	开发工作流	测试管理	知识库管理
提供标准敏捷研发管理	支持大型研发团队跨项目协同，实现多项目路线图规划和资源管控	连接多种工具，构建自动化研发工作流、DevOps 工作流	测试用例管理和测试计划执行，确保产品交付质量	帮助企业建立规范化知识管理体系，实现文档协同与知识沉淀

图 2-4
PingCode 适用的管理场景

PingCode 的优势在于产品开箱即用，简单、易上手，团队成员 25 人以下免费使用，很适合小微企业、初创团队等使用，同时也可满足中大型企业的二次开发或定制开发的需求。

2. 钉钉

钉钉（Ding Talk）是阿里巴巴集团打造的企业级智能移动办公平台。钉钉的功能较全面，主要包含人事管理、办公自动化（Office Automation，OA）审批、智能财务、远程连线和视频等功能，支持管理员、员工和开发者等多种身份角色登录，其功能特点如图 2-5 所示。

图 2-5
钉钉的功能特点

钉钉已发布 Android、iPhone、macOS、Windows、Linux 等多平台版本，大部分功能免费注册即可使用，上手难度极低，下文选用钉钉内置的项目管理工具来完成项目的创建和管理。

> **小思考：**你听说过或者使用过"钉钉"App 吗？你知道"钉钉"的主要功能有哪些吗？为什么现在很多公司都选用"钉钉"作为项目管理工具？

典型工作环节 2　项目管理工具的使用

1. 创建钉钉项目

在项目成立之初，通常由项目经理来负责创建项目。这里选择钉钉的 Windows 版本，在个人计算机上打开钉钉，在左侧的导航栏中选中"项目"标签，在页面右侧单击"新建项目"按钮，如图 2-6 所示，创建一个新的项目。

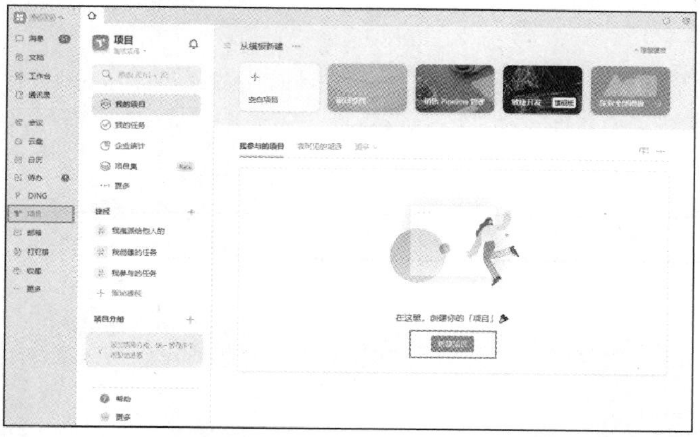

电子活页 2-14

更多的项目
管理工具

图 2-6
新建项目

为方便用户的日常使用，钉钉已提前导入多个常用的项目管理模板。在正式创建项目之前，可以在页面中预览模板的任务看板、甘特图、项目文件与项目概况等，如图 2-7 所示。单击页面右上角的"使用此模板"按钮，在弹出的对话框中输入项目名称，单击"确定"按钮，正式创建新的项目。

图 2-7
预览项目模板

笔记

新建的项目管理主页如图 2-8 所示，可以单击右上角的"邀请"按钮，以搜索成员、部门邀请、钉钉邀请、二维码链接邀请等多种形式添加项目成员。单击右上角的"菜单"按钮，选择"项目角色与权限"选项，打开"项目角色与权限"对话框，在该对话框中可以对项目成员的角色和权限进行设置，如图 2-9 所示。

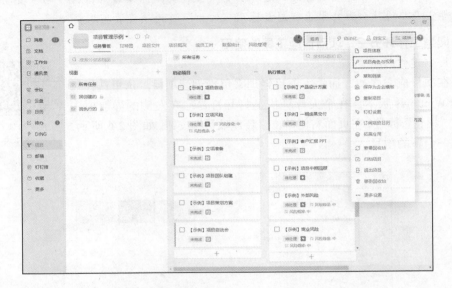

图 2-8
新建的项目管理
主页

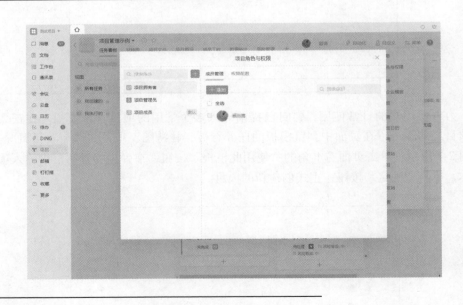

图 2-9
"项目角色与
权限"对话框

2. 创建任务

在项目管理主页中，可以看到项目的任务总览面板，如图 2-10 所示。最上方一行是任务列表标签页，以"启动项目""执行推进""总结回顾"等阶段划分任务内容，可以根据项目的需求自行修改。在每一列的任务列表下，钉钉已自动导入不同阶段常用的任务示例，将鼠标指针移动到某一任务示例后，其右下方会自动显示"…"按钮，单击该按钮可以复制该任务、将该任务转化为子任务等。如果常用的任务示例无法满足项目需求，可以单击该任务列表最下方的"+"按钮，创建自定义任务、风险、里程碑事件等。

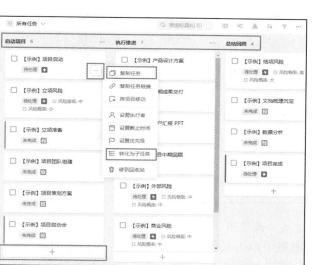

图 2-10
任务总览面板

　　这里以创建自定义任务为例。单击"+"按钮，在自定义任务窗口最上方单击三角箭头，切换创建"任务"功能，如图 2-11 所示。在文本框中输入自定义任务的标题，单击"待认领"选择任务负责人，如图 2-12 所示，同时可以邀请新成员加入项目。

图 2-11
自定义任务窗口

图 2-12
选择任务负责人

　　小提示：任务只能有一个用户或一个项目角色作为负责人，在项目管理中，多人负责与没人负责无异。

　　设置完任务负责人后，单击"设置开始时间"和"设置截止时间"选项可以设置任务的开始与截止时间，如图 2-13 所示。

笔记

图 2-13
设置任务的开始
与截止时间

3. 填写任务进展与设置子任务

在任务总览面板中单击某项任务，可以进入该任务的详情页，如图 2-14 所示。在任务详情页中除可以再次修改任务负责人、任务开始时间与截止时间等参数以外，还可以设置"任务进展""子任务"等。在"任务进展"中，支持以图文形式输入对任务进展的详细描述。在"子任务"中，支持添加多条从属于该任务的子任务，并为子任务设定负责人。此外，在任务详情页中，任务的参与者可以通过页面右侧的公告栏查看任务的所有动态。

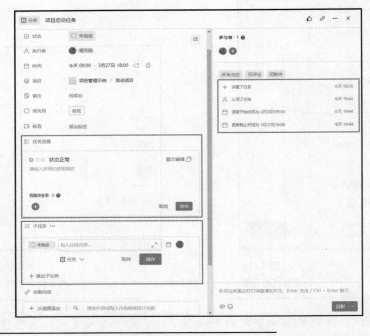

图 2-14
任务详情页

4. 设置任务前后置依赖

钉钉中支持添加多个任务作为某项任务的前后置依赖。在任务详情页单击右上角的"…"按钮，在弹出的任务菜单栏中添加任务的前后置依赖，如图 2-15 所示。

图 2-15
设置任务前后置
依赖

当选择"前置依赖"选项，并选择某项任务作为前置依赖后，该任务详情页会自动刷新并显示任务的依赖关系，如图 2-16 所示。当前置依赖的任务未完成时，后面的任务也不可以完成。

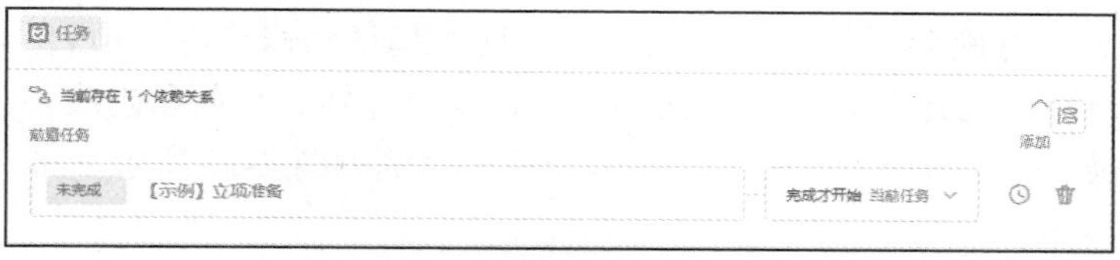

图 2-16
设置任务的前置
依赖

通过以上工作步骤，即可在钉钉中完成一个项目及其任务的基本创建和设定。

> **小思考：** 我们已经基本了解了企业办公软件钉钉，它的功能非常全面，如可以实现实时通信、灵活的签到、在线会议、视频直播与回放、团队组建等。那么针对钉钉，我们能做哪些与项目管理相关的任务？是否有其他类似的软件也能提供类似的服务呢？

任务 2.5　编制项目分组计划书

任务描述

SOHO 的英文全称是 Small Office, Home Office，就是居家办公的意思，也指家庭办公室或小型办公室。假设你刚成为"SOHO 族"的一员，需要编制一份 SOHO 组网项目的完整项目计划书，主要包括工作结构分解、进度计划安排、计划成本编制、

笔 记

质量计划、采购计划、组织结构、沟通计划和风险计划等内容。那么面对这样复杂和烦琐的任务，你需要如何做呢？

任务目标

1. 了解项目分组的基本方法。
2. 编写项目建议书。
3. 提交项目分组计划书。

小思考：为什么我们需要对项目内容进行分组？

任务实现

典型工作环节 1　了解项目分组的基本方法

在实际企业多项目的大环境下，由于项目数量众多及人力资源的限制，项目与项目之间的进度计划会相互产生影响，当然伴随企业工程数目的上升，项目进度计划也会越来越错综复杂，即使使用计算机或者模型也很难计算出最优资源分配解，难以满足各个不同类型的项目进度计划目标。因此，将一个大的项目群分组成多个不同的项目组，每个项目组由 2 ～ 3 个项目组成，这样就将复杂的问题简单化，并且可以将资源集中分配给某个项目组，同时可以满足各个项目的进度计划目标。

针对本次 SOHO 组网项目，可以采用项目分组形式，每组人数为 5 ～ 10，最多不超过 10 人。每组选出一位组长作为项目经理，其他成员作为项目成员。项目经理负责任务的分配、编制过程的控制、各分计划的协调和汇总、讨论会议的组织和相应分计划的起草和修改等。项目成员服从项目经理的任务分配和过程协调、完成分计划的起草和修改、参加讨论会议、提交最终的分计划，其分组结构示例如图 2-17 所示。

电子活页 2-15

合理进行项目分组

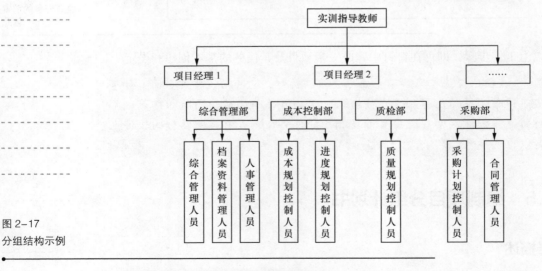

图 2-17
分组结构示例

典型工作环节 2　编写项目建议书

项目建议书是项目发展周期初始阶段的重要输出文件。项目建议书又称立项申请，是项目建设单位向上级主管部门提交项目申请时所必需的文件。它的主要内容是项目干系人正式投资前对项目的轮廓性设想，一般从投资建设的必要性方面论述，同时初步分析投资建设的可行性。针对本次 SOHO 组网项目，编写的项目建议书如下。

某工作室 SOHO 组网项目建议书

1. 概况

本项目为某网站账号运营团队的工作室搬迁新址后的组网项目。

工作室共有 12 名成员，每位成员都配有台式计算机，其中 4 台台式计算机为高性能视频制作工作站。每位成员同时需要无线终端（平板电脑、笔记本电脑、手机等）接入网络。

此前，工作室有 1 台吉比特网络的入门级网络附接存储（Network Attached Storage，NAS）用于文件存储。随着工作室业务的发展，搬迁新址后需配置支持10 吉比特网络的 NAS 及 20TB 以上的存储空间。4 台视频制作工作站能够通过 10 吉比特网络访问 NAS。

2. 建设方案说明

（1）接入互联网

网络出口采用 500Mbit/s 联通宽带。

（2）采用 10 吉比特 + 吉比特局域网

局域网内网采用 10 吉比特 + 吉比特混合接入。其中 10 吉比特网络采用光纤到达 4 台视频制作工作站，其余台式计算机采用吉比特网络接入。

（3）配置全新 NAS

增配一台全新的 NAS，采用 10 吉比特网卡接入局域网。

（4）接入 Wi-Fi

工作室面积为 125m^2，使用出口路由器实现 Wi-Fi 全覆盖。

根据以上方案，本项目建设规模汇总见表 1。

表 1　项目建设规模汇总

序号	建设项目		单位	数量
1	设备部分	无线路由器	台	1
2		NAS 主机	台	1
3		NAS 专业硬盘（8TB）	个	4
4		10 吉比特网卡（含单模模块）	张	5
5		10 吉比特光口交换机（含单模模块）	台	1
6		吉比特电口交换机（含单模模块）	台	1
7	线路部分	10m 单模光纤 LC–LC	条	5
8		6 类吉比特双绞线	m	50

典型工作环节 3　提交项目分组计划书

（1）根据典型工作环节 1 的项目分组，每组提交一份完整的"×××项目××组计划书"，在各个相关任务完成后进行整理，并在最终模拟演练时进行展示。计划书必须包括以下内容，但具体顺序和小标题可以自拟。

> ### ×××项目××组计划书
>
> 1. 项目章程
>
> 1.1 项目概况
>
> 1.1.1 项目描述
>
> 1.1.2 项目地点
>
> 1.1.3 项目投资人
>
> 1.1.4 项目经理和用户代表（自拟）
>
> 1.1.5 主要项目阶段
>
> 1.2 项目背景
>
> 1.2.1 主要的项目成果
>
> 1.2.2 项目前期筹备情况，包括但不限于资金状况和人员状况
>
> 1.3 项目目标
>
> 1.3.1 主要工作范围
>
> 1.3.2 工期
>
> 1.3.3 计划成本
>
> 1.3.4 主要的里程碑事件
>
> 1.3.5 项目成功的标准及允许偏差
>
> 2. 项目实施和管理计划
>
> （1）工作范围计划
>
> （2）时间进度安排和控制
>
> （3）成本计划和控制
>
> （4）质量计划和控制
>
> （5）风险计划和控制
>
> （6）采购计划和控制

（2）每组按模拟演练的要求提交相关的任务文档。

（3）每组提交一份分工表，包括以下内容。

① 组长和组员名单。

② 项目经理和各部门经理名单，如采购经理、质量控制经理等，可兼任。

③ 分工情况，即每人的工作及其完成情况。

任务 2.6 练习

1. 选择题

（1）【多选】创建 WBS 的主要作用有（   ）。

A. 使进度计划、成本计划、质量计划更准确

B. 展现出整个项目所要进行的全部工作及工作顺序，防止遗漏项目的可交付成果

C. 清晰明了项目可交付成果，以便分配工作任务，指定责任人

D. 为项目实施、绩效测量和项目控制提供依据

（2）【多选】项目采购管理是指在项目执行的全过程对项目从外部寻求和采购的（　　）等各种资源的管理过程。

A. 材料　　　　　　　B. 器械　　　　　C. 劳务　　　　　D. 项目管理信息系统

2. 填空题

（1）项目管理的 5 个过程组包括启动过程组、计划过程组、实施过程组、（　　　　　）和收尾过程组。

（2）风险应对策略有（　　　　　）。

（3）项目沟通管理包括为确保项目信息及时且恰当地（　　　　　）并最终处置所需的各个过程。

（4）项目成本管理主要内容包括（　　　　　）。

3. 实训题

多名同学组成一个项目组，设定一个协作完成的假期成果目标，为该目标制订项目计划，并在钉钉中体现。

学习单元 3　机器人流程自动化基础

·····
学习目标

【知识目标】

1. 识记：机器人流程自动化的基本概念、发展历程。
2. 领会：机器人流程自动化的技术框架、核心功能和部署模式。

【能力目标】

1. 能够简单应用机器人流程自动化工具。
2. 能够使用相关工具创建所需要的软件机器人并实施自动化任务。

【素质目标】

1. 能够针对机器人工程领域实施的具体环境和管理条件，理解和运用机器人学、控制理论等学科知识，解决机器人领域的工程问题；具有良好的人文科学素养、团队合作能力和较强的社会责任感。

2. 能够通过足够的"持续职业发展"保持和拓展个人能力，具备一定的国际视野，熟悉机器人行业国内外发展的现状和趋势，能适应机器人技术的发展以及职业发展的变化。

·····
单元导读

办公室工作人员经常为了完成某项工作，反复从一个程序进入另外一个程序，复制、粘贴同样的数据，如客户的姓名和地址信息等，这种方式费力、费时且容易出错，而现在这些工作可以交给软件机器人来处理了。

为了提高效率和降低成本，企业开始将机器人流程自动化（Robotic Process Automation，RPA）作为解决方案。RPA 就是使用软件机器人来仿真人类，实现通用任务的自动化。各类工作流程自动化软件可以通过捕获某些特定字段来帮助处理订单，如客户联系信息、发票总额和订购的项目清单，并将它们存储到公司的数据库中，最后通知相应的员工。这种自动化方案接管了单调的、重复的任务，从而使人员得以集中精力进行其他更高层次的活动。

为了让大家尽快熟悉并会使用 RPA 工具，本单元制订了如下任务。

1. 初识 RPA。
2. 认识 RPA 的技术框架。
3. 掌握创建 RPA 的流程。

任务 3.1 初识 RPA

笔记

任务描述

办公室工作人员每天需要处理大量的办公室事务，如处理电子邮件、收集并整理信息、填写报表等，会在不同的应用程序之间切换。例如财务工作人员每月要登录财务系统，下载固定科目对应的科目余额表、辅助余额表，按照既定的规则进行对账操作，并将对账结果以电子邮件形式发送给指定收件人。这种手动工作费力、费时且容易出错，那么这些任务能不能交给机器人来处理？答案是肯定的，RPA 就可以承担这些繁重、单调、重复的工作。

任务目标

1. 了解 RPA 的基本概念。
2. 掌握 RPA 的发展历程。
3. 了解 RPA 的主流工具。

电子活页 3-1

RPA 能做什么

任务实现

典型工作环节 1　了解 RPA 的基本概念

RPA 是以软件机器人和人工智能为基础，通过模仿人类手动操作的过程，自动执行大量重复的、基于规则的任务，将手动操作自动化的技术。只要预先设计好使用规则，RPA 就可以模拟人，进行复制、粘贴、单击、输入等行为，协助工作人员完成大量"规则固定、重复性高、附加值低"的事情。

1. RPA 的特点

RPA 具有以下特点。

（1）RPA 是基于计算机操作系统的工作桌面，自动识别用户界面（User Interface，UI）、完成预先设定的工作流程的软件机器人，它不是具有实体的机器人。

（2）RPA 能自动操作整个业务流程，代替人完成高重复、标准化、规则明确、大批量的手动操作。

（3）RPA 可以通过模仿人，执行一系列的工作流程。

2. RPA 的类别

根据 RPA 所实现的应用领域划分，RPA 可以分为销售自动化、财务自动化、税务自动化、人力资源自动化、基础设施自动化、测试自动化、运维自动化等。

根据应用模式划分，RPA 可分为无人值守 RPA 和有人值守 RPA。

根据要实现自动化的对象划分，RPA 可以分为网页自动化、邮件自动化、电子表格自动化、PDF 自动化、文件自动化等。但这种分类方法并非严格的分类方法，而且 RPA 通常都能支持这些自动化操作。

（1）无人值守 RPA

无人值守 RPA 指 RPA 无须任何人的参与即可完成工作。它直接与计算机系统交互，贯穿整个过程或任务。无人值守 RPA 通常在远程服务平台上运行，并根据计划或触发条件激活。

无人值守 RPA 还可以让员工在自动化平台中拥有更强的协作和沟通能力。例如，针对健康保险公司需要应对的大量发票和其他文档等，无人值守 RPA 可以为其提供良好的服务，开发人员构建的应用程序接口（Application Program Interface，API）会参与到工作流程中，使文档和数据管理流程更为简化。

（2）有人值守 RPA

有人值守 RPA 也称机器人桌面自动化，它与工作人员一起工作，但专注于更复杂的工作负载或无法完全自动化的流程中的设置任务。有人值守 RPA 部署到用户工作站，并由用户交互触发。有人值守 RPA 充当旧系统集成的解决方法。由于有人值守 RPA 通过图形用户界面（Graphical User Interface，GUI）运行，因此开发人员无须构建 API 来连接系统。相反，有人值守 RPA 将像工作人员一样从一个应用程序跳转到另一个应用程序。有人值守 RPA 的一个独特属性是它对非程序员的可访问性，使没有编程技能的人也能够构建和实施 RPA 工作流。

例如，在处理客户服务问题时，呼叫中心的工作人员通常需在多个屏幕、界面之间切换，将大量时间都耗费在输入或检索来自不同来源的数据上。通过有人值守 RPA，呼叫中心的工作人员可以实时访问数据、文档或账户信息，将更多的时间用来关注客户，而不是关注召回或输入数据与信息的过程，提高客户服务水平。

典型工作环节 2　掌握 RPA 的发展历程

1. RPA 的发展时代

（1）工业机器人时代——RPA 的前身

提起 RPA，就不得不说到同为"机器人"的前辈：工业机器人。1954 年，"机器人技术天才"乔治·德沃尔（George Devol）申请了第一项机器人专利（图 3-1 所示为机器人 Unimate），工业机器人应用的序幕由此拉开。首台工业机器人主要用于自动执行一些简单的任务，比如拾取、移动和放置装配线上的物品。随着新的技术不断突破，传感器和摄像头让机器人的性能得到提升。

直至 1984 年，世界上第一座"无人工厂"（见图 3-2）在日本筑波建立，工业机器人技术变得更加成熟。此后，越来越多的工厂开始选择使用机器人进行流程作业，代替工人从事那些繁重、危险的生产工作。

图 3-1
第一台机器人 Unimate

图 3-2
世界上第一座"无人工厂"

（2）20 世纪 90 年代初期——前 RPA 时代

20 世纪 90 年代初期，使用计算机、软件程序和机器人平台开始成为企业降低运营成本和提高效率的前沿方法。其中较为典型的就是屏幕抓取（Screen Scraping）

技术。屏幕抓取技术继承了应用程序与新型用户接口之间的转换功能，简化了从遗留系统到更"现代"的计算机系统的过渡。随着互联网的兴起，屏幕抓取软件还升级了通过访问 HTML 代码从网站中提取数据的能力。工作流程自动化管理软件的出现比屏幕抓取软件要晚，但在流程自动化方面的表现却更加突出，特别是处理那些需要人工审批、修改或填写数据的业务流程。

（3）2000 年 ——RPA 出现

RPA 建立在人工智能（Artificial Intelligence，AI）和自动化技术的基础上，能够实现基于业务场景的高级功能，这也使 RPA 在日益全球化的业务中更敏捷、更灵活和越来越具有价值。与普通的屏幕抓取工具相比，RPA 利用光学字符识别（Optical Charater Recognition，OCR）技术来适应不断变化的网站，且获取的信息准确度较高。RPA 不依赖于代码进行屏幕抓取，而是允许用户以可视化的方式、使用拖放功能建立流程管理工作流，并且将重复劳动自动化。这种方式使工作人员无须拥有专业编码知识即可迅速获取数据与搭建流程，这也是 RPA 的价值所在。

（4）2010—2015 年 ——RPA 广泛应用

从 2010 年开始，RPA 在各行各业开花结果，特别是在扩展和简化流程方面。企业在利用 RPA 时会发现新的可自动化场景，发展为 RPA 新应用，实现业务流程的自动化。在此期间，RPA 在许多新兴产业中实现了强劲增长，特别是在保险、医疗、金融以及新零售行业。RPA 的实施大幅降低了人力成本，提高了生产力，同时减少了错误。无论是创建、管理、处理发票或索赔，还是管理收据或基于模板的文档实例，都显示出 RPA 与业务场景充分融合的属性。

（5）2016 年至今 ——RPA 的发展

RPA 与大数据、云计算、人工智能等新兴技术和概念相结合之后，可以为企业提供更优质、更全面的服务。如同此前工业机器人的发展，今后，不断进化的 RPA 将会在更多行业中找到用武之地。

2. RPA 的应用领域

（1）电信通信领域

RPA 可以应用于电信通信领域内的大多数任务流程，例如从客服系统中获取信息并进行信息备份，定期进行分析并上传必要的数据。在未来几年中，RPA 在电信通信领域的用例将会极速增长。

（2）银行领域

在银行领域实施 RPA 是较为可行的方案，如参与数据验证、多系统间的数据迁移、客户账户管理、自动生成报表、抵押价值比较（当地或跨域）、表单数据填写、金融索赔处理、贷款数据更新及柜台数据备份等业务。

（3）保险行业

RPA 可应用于保险行业的绝大多数业务流程，其中发展较为迅速的是自动化管理和客户服务业务，与接收、审查、分析和提交索赔有关。随着 RPA 的不断发展与更新迭代，它的适用场景将会不断增多。

（4）医疗卫生领域

在医疗卫生领域，能够应用 RPA 的业务流程包括患者注册流程到患者数据迁移、患者数据处理、医生报告、医疗账单处理、数据自动录入、患者记录存储、索赔处理等。

（5）零售领域

在零售领域能够应用 RPA 的业务流程包括从制造商的网站中提取产品数据、自动在线更新库存、网站导入、电子邮件处理、订单数据处理等。

（6）制造业

在制造业，能够应用 RPA 的业务流程包括现有的企业资源计划（Enterprise Resource Planning，ERP）自动化、物流数据自动化、数据监控以及产品定价比较等。

3. RPA 的发展趋势

展望未来，RPA 的发展离不开 AI 的加持。AI 中的 OCR、自然语言处理（Natural Language Processing，NLP）和知识图谱（Knowledge Graph，KG）等技术将为 RPA 打开一个全新的局面。例如在金融行业，银行信贷流程中需要处理大量的信贷文件，其中包含非常多的非结构化数据。传统 RPA 处理不了这些非结构化数据，借助 AI 技术就可满足审批智能化、合规智能化、信贷流程智能化、风控智能化等一系列智能化需求。

全球制造业正在向着自动化、集成化、智能化及绿色化方向发展，RPA 在制造业同样拥有发展空间。在存在着大量重复性、固定性、规则性工作的制造业，RPA 的优势将更加突出。

典型工作环节 3　了解 RPA 的主流工具

目前市场上的 RPA 工具主要有以下几种。

1. UiPath

UiPath 是目前广受欢迎的 RPA 工具之一。UiPath 的优点在于它为想要学习、练习和实施 RPA 的人们提供了社区版。它有多个托管选项，可以跨云、虚拟机和终端服务托管，并提供各种应用程序。

2. Automation Anywhere

Automation Anywhere 能提供强大且友好的 RPA 功能，可自动执行任何类型的端到端的复杂任务和业务流程，工作人员无须拥有编程知识。它易于与不同平台集成，支持分布式架构，拥有简单、易用的 GUI。

3. WorkFusion

WorkFusion 是将所有复杂任务组合到一个平台中的打包自动化解决方案。它包含数字化复杂业务流程所需的所有核心功能，如业务流程管理（Business Process Management，BPM）、RPA、员工编排以及机器学习为动力的认知自动化。

电子活页 3-2

UiPath

电子活页 3-3

Automation Anywhere

电子活页 3-4

WorkFusion

> 小思考：你还能列举一些生活中常见的 RPA 工具吗？你知道这些工具是如何被设计出来的吗？

任务 3.2　认识 RPA 的技术框架

任务描述

某共享中心财务总账部门每天都要对财务系统中各公司提交的项目文本进行审核，业务部门需要花大量人力才能及时地完成。利用 RPA 创建复制人类行为与现有应用程序界面交互的软件机器人来执行这些任务，就可以降低人力成本和时间成本。因此这个"软件机器人"需要具备一定的脚本生成、编辑、执行能力。和实体机器人不同，它不需要机器人本体，但需要设计器、执行器和控制器，这也是 RPA 产品的标配。那么 RPA 产品有哪些功能？典型工作流程又是怎样的？

任务目标

1. 了解 RPA 的基本框架。
2. 掌握 RPA 的核心功能和工作流程。

任务实现

典型工作环节 1　了解 RPA 的基本框架

成熟的 RPA 框架包含机器人设计器、机器人控制平台和机器人 3 部分，如图 3-3 所示。

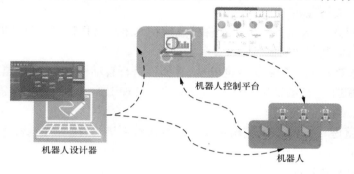

机器人控制平台

机器人设计器

机器人

图 3-3
成熟的 RPA 框架

机器人设计器负责将工作任务分配给每一个机器人，并负责对工作过程进行监督、管理及控制；机器人控制平台负责提供便捷的方法和界面，为机器人下达详细的任务指令，机器人则运行具体的机器人流程。

一般来说，典型的 RPA 平台也至少包含开发工具、运行工具和控制中心 3 部分。

1. 开发工具

开发工具主要用于配置或设计软件机器人。通过开发工具，开发人员可以对软件机器人执行一系列的指令和决策逻辑进行编程。大多数开发工具为了进行商业发展，通常需要开发人员具备相应的编程知识，如循环、变量赋值等。常见的开发工具有以下几种。

电子活页 3-5

开发工具

- **记录仪**：也称为"录屏"，用于配置软件机器人。就像 Excel 中的宏功能，记录仪可以记录用户界面中发生的每一次鼠标动作和键盘输入。

- **插件和扩展应用**：为了便于软件机器人操作，大多数 RPA 平台都提供多种插件和扩展应用。

- **可视化流程图**：一些 RPA 厂商为方便开发人员更好地操作 RPA 平台，会提供可视化流程图。例如，UiBot 平台就包含流程视图、可视化视图和源码视图 3 种视图，它们分别对应不同用户的需求。

2. 运行工具

运行工具也称为执行器，用于运行已有的软件机器人或查阅运行结果。开发人员需要在设计器中完成开发任务，生成机器人文件，然后将其放置在执行器中执行。

笔 记

完成执行后，进程将运行的结果、日志与录制视频通过指定的通信协议上报到控制中心，确保流程执行的完整性。

3. 控制中心

控制中心主要用于软件机器人的部署与管理，如开始或停止机器人的运行、为机器人制作日程表、维护和发布代码、重新部署机器人的不同任务、管理许可证和凭证等。当需要在多台计算机上运行软件机器人的时候，也可以通过控制中心对软件机器人进行集中控制，如统一分发流程、统一设定启动条件等。

电子活页 3-6

控制中心

电子活页 3-7

RPA 的核心功能

典型工作环节 2　掌握 RPA 的核心功能

RPA 的核心功能如下。

1. 数据处理

- **数据收集**：自动访问内外网，灵活获取页面元素，根据关键字段搜索数据，提取并存储相关信息。
- **数据录入**：通过接收电子文件信息或识别纸质文件信息，将读取到的数据信息自动录入对应系统并归档。
- **数据检查**：对获取数据的准确性、完整性进行自动检查，识别异常数据并预警。
- **数据筛选**：自动筛选数据，完成数据预处理工作，锁定进一步需要处理的数据范围。
- **数据整理**：对提取的结构化或非结构化数据进行转换、汇总、整理，并按照标准模板输出文件。

2. 图像识别与处理

- **OCR 识别**：借助 OCR 技术对扫描所得的图像进行识别与处理，进一步优化、校正、分类结果，将提取的关键字段信息输出为能处理的结构化数据。
- **信息审核**：对识别完成的文字信息进行审核与初加工，完成对非结构化数据的识别与分析。

3. 上传与下载

机器人自动登录多个异构系统，将指定数据及文件信息上传至特定系统；也可从系统中下载指定数据及文件信息，并按预设路径进行存储，或是进一步根据规则上传到平台或进行其他处理。

4. 计算、决策与生产

该功能包括自动计算，基于规则进行决策，根据标准的报告模板将从内外部获取的数据信息进行整合，自动生成报告。

5. 协调管理

该功能包括对软件机器人任务的智能调度、任务分配和异常切换处理，以及通过调度多个软件机器人实现并行处理等。

6. 推送通知

在处理任务的过程中，RPA 将识别到的关键信息自动发送以提醒员工、供应商和客户等，实现流程跟催。

典型工作环节 3　掌握 RPA 的工作流程

RPA 的工作流程如下。

（1）流程的开发及配置：开发人员制定详细的指令并将它们发布到机器上，具体包括应用配置、输入数据、验证客户端文件、创建测试数据、加载数据及生成报告等。

（2）业务用户能够通过控制中心给软件机器人分配任务并监视它们的活动，并将流程操作实现为独立的自动化任务，交由软件机器人执行。

（3）机器人位于虚拟化或物理环境中，不需要对系统开放任何接口，仅需通过 UI 与各种各样的应用系统（包括 ERP 系统、SAP 系统、CRM 系统、OA 系统等）交互，即可完全模拟人类操作，自动执行日常的劳动密集且重复的任务。

（4）业务用户审查并解决任何异常或进行升级。

下面以纳税申报过程为例介绍 RPA 的工作流程。

对于纳税主体较多的集团性企业，手动操作量大，数据的准确性无法保障，人工处理部分的工作占比过高，数据处理、报表编制效率不高。

RPA 实施的纳税申报过程被细分为三大子过程，即数据准备过程、数据提交过程和账务处理过程，如图 3-4 所示。下面介绍 RPA 在每个子过程的具体任务。

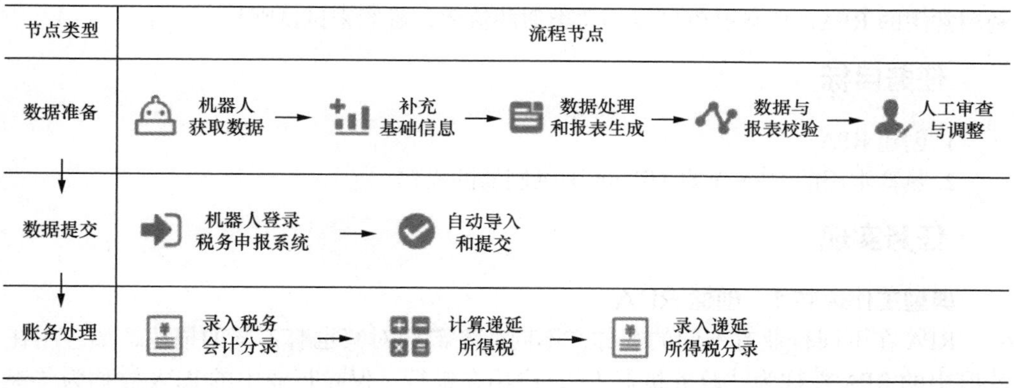

节点类型	流程节点
数据准备	机器人获取数据 → 补充基础信息 → 数据处理和报表生成 → 数据与报表校验 → 人工审查与调整
数据提交	机器人登录税务申报系统 → 自动导入和提交
账务处理	录入税务会计分录 → 计算递延所得税 → 录入递延所得税分录

图 3-4 企业纳税申报流程

1. 数据准备过程

（1）通过脚本的预定义，自动登录账务系统、国税系统等，按照税务主体批量导出财务数据、增值税认证数据等关于税务申报的基础业务数据。

（2）自动获取事先维护好的企业基础信息来生成纳税申报底稿。

（3）对需要调整的税务、会计差异、进项税数据差异、固定资产进项税抵扣差异、预缴税金等数据按照设定好的规则进行调整，借助预置的校验公式进行报表的校验（如财务科目与税务科目的数字校验）。

（4）将处理好的数据放到统一的文件夹中，由税务人员进行审查（或调整）。

2. 数据提交过程

（1）对于核对、审查无误的数据，执行脚本，按照公司主体自动登录税务申报系统。

（2）执行纳税申报底稿的读取，并自动导入底稿的相关数据，执行纳税申报表提交动作以完成纳税申报，并将相应的信息保存在本地。

3. 账务处理过程

（1）税务分录的编制与自动录入：根据纳税、缴税信息完成系统内税务分录的编制。

（2）计算递延所得税并完成分录的编制与录入：对于涉及递延所得税的，自动进

笔记

行递延所得税资产或负债的计算并完成系统内的入账。

> **小思考：**
> RPA 需每月自动登录财务系统，下载固定科目对应的科目余额表、辅助余额表，按照既定的规则进行对账操作，并将对账结果以电子邮件的形式发送给指定收件人。
> RPA 会如何完成上述任务呢？

任务 3.3　掌握创建 RPA 的流程

任务描述

RPA 技术可以用于结构化的基于规则的业务流程自动化，因此被认为是可以把人类从重复劳动中解放出来的技术。例如，在日常工作中，很多工作人员每天都会收到大量的邮件，软件机器人就可以帮助工作人员自动打开邮箱，登录系统，收取邮件。利用常用的 RPA，你自己就可以创建类似的流程，赶紧来试试吧！

任务目标

1. 创建 RPA。
2. 熟悉常用的 RPA 工具 UiPath 中录制器的操作。

任务实现

典型工作环节 1　创建 RPA

RPA 在不同行业有不同的名称，不同业务部门对其也有不同的描述，如应用在政府中的 RPA 被称为"政务机器人"，应用在银行、保险行业中的 RPA 被称为"银行机器人""保险机器人"等，在具体的业务部门中 RPA 又分别被称为"财务机器人""供应链机器人""税务机器人"等。下面介绍如何创建 RPA。

1. 下载与安装 RPA 工具

本书使用的是国产 RPA 工具——艺赛旗 iS-RPA 9.0。下载并安装该工具后，打开该工具，进入注册界面（见图 3-5）填写个人信息，单击"申请"按钮进行注册。

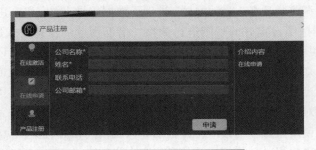

图 3-5
注册界面

2. 新建自动化流程

下面以 QQ 邮箱为例，介绍如何让 RPA 自动打开 QQ 邮箱，登录系统。新建项目工程，将其命名为"QQWebMail"，如图 3-6 所示。路径等其他设置保持不变，单击"确定"按钮，进入操作界面，如图 3-7 所示。

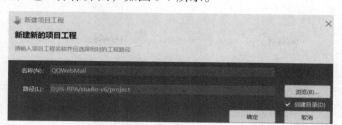

图 3-6
新建项目工程

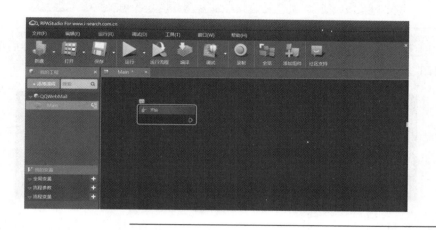

图 3-7
操作界面

3. 详细配置流程

（1）在操作界面左侧单击"开始"右侧的白色三角形按钮，将其往右拖动（或者直接在画图中单击鼠标右键），在组件操作面板中找到"网站"组件，如图 3-8 所示，并将其打开。

图 3-8
流程配置

（2）双击"网址"框可以打开一个更大的文本编辑窗口，如图 3-9 所示，输入要访问的网址，但记得网址需要用单引号引起来。

笔 记

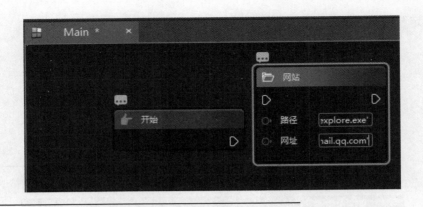

图 3-9
添加网址

（3）打开网页后输入账号、密码登录，添加一个"鼠标点击"组件，然后单击该组件右上方的圆形十字按钮，如图 3-10 所示。

图 3-10
添加"鼠标点击"
组件

（4）将鼠标指针移动到"账号密码登录"位置，直到显示蓝色框后，单击确认，如图 3-11 所示。然后使用"设置文本"组件输入账号和密码，添加"鼠标点击"组件进入下一步，再添加一个"模拟按键"组件，在内容中输入自己的 QQ 号（注意用单引号引起来）。

图 3-11
输入账号和密码

（5）重复上面的步骤，首先单击"密码"栏，接下来输入密码，最后单击"登录"按钮，如图 3-12 所示。

图 3-12
输入密码并登录

完整的流程图如图 3-13 所示。

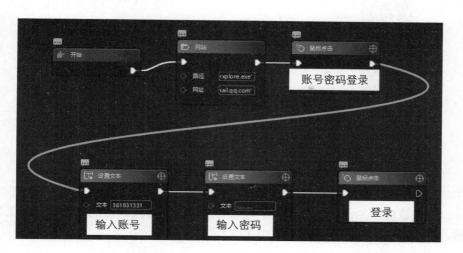

> **小提示**：在实际测试时，某些时候可能会发现 RPA 自动运行得太快了，需要在组件的前置延迟或者后置延迟处设置等待时间。

这是一个非常简单的需求。这样的需求一般都是自动化流程当中非常小的一环，然而 RPA 可以将所有的小环节串接起来，最后实现较复杂的自动化流程。

典型工作环节 2　UiPath 的安装和流程创建

UiPath 是一种用于 Windows 桌面自动化的机器人过程自动化工具。它可以将重复或冗余的任务自动化，并消除人工干预。该工具使用简单，并且具有活动的拖放功能。下面介绍 UiPath 的安装和流程创建方法。

（1）下载好软件后，即可安装和激活软件，如图 3-14 所示。单击"Start"启动按钮（也可以创建快捷方式放到桌面，方便下次启动时使用），以流程为例，在流程创建对话框中，输入流程名称"Process"和需要存放的位置（库）"Library"，如图 3-15 所示。

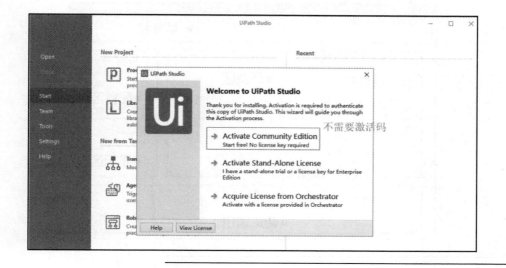

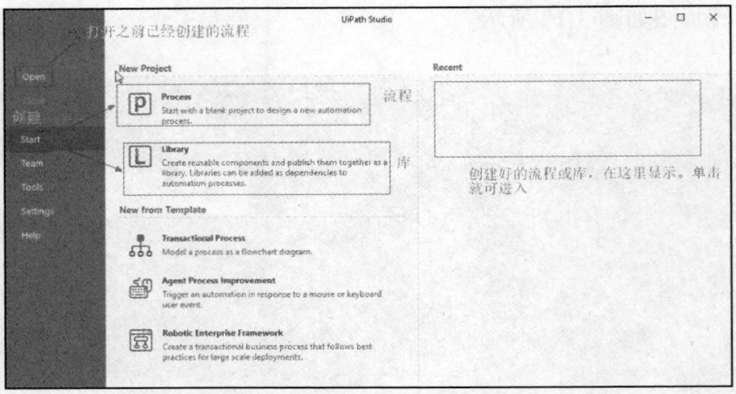

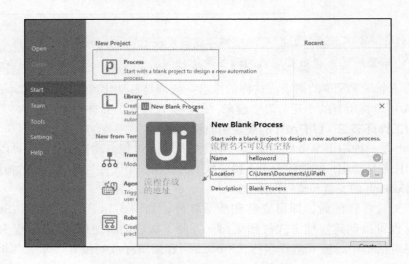

图 3-15
创建流程 1

（2）完成流程的命名（流程名不可以有空格）和存放地址的设置后，如图 3-16 所示，单击"Create"按钮，进入图 3-17 所示的主界面。

图 3-16
创建流程 2

图 3-17
主界面

典型工作环节 3　UiPath 中录制器的操作

录制器是 UiPath 的重要组成部分，通过录制器用户可以轻松地在屏幕上捕获用户动作并将其转换为序列，从而在自动化业务流程中节省大量时间。录制器的操作方法如下。

（1）打开设计器，在设计库中新建一个 Sequence 序列，为序列命名及设置序列存放的路径。在 "DESIGN" 选项界面，单击 "Recording" 按钮，再选择 "Web" 选项，即可打开 Web 录制，如图 3-18 所示。

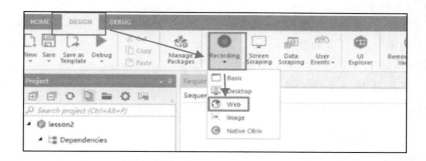

图 3-18
Web 录制

（2）在 "Web Recording" 选项界面中单击 "Open Browser" 按钮，选择 "Open Browser" 选项。在 IE 浏览器的百度主页单击，再按 "OK" 按钮，即可录制打开百度主页的动作。

电子活页 3-8

任务拓展

熟悉了前文介绍的 RPA 工具，你还可以了解更多的 RPA 工具，开发不同的应用流程。

阿里云 RPA

任务 3.4　练习

1. 选择题

（1）RPA 的英文全称是（　　）。

A. Rational Process Automation　　　　B. Robotic Process Automation

C. Robotic Performing Automation　　　D. Rational Performing Automation

（2）下列（　　）不是 RPA 的特点。

A. 是基于计算机操作系统的工作桌面　　B. 能自动操作整个业务流程

C. 代替人完成高重复的手动操作　　　　D. 是具有实体的机器人

（3）【多选】下列（　　）是 RPA 厂商。

A. 微软　　　　　　B. IBM　　　　　　C. Oracle　　　　　　D. UiPath

2. 填空题

（1）软件机器人通过模仿用户手动操作的过程，自动执行大量（　　　　　）的任务。

（2）成熟的 RPA 框架包含 3 个方面：机器人设计器、（　　　　　）和机器人。

笔记

（3）在 RPA 平台中，（　　　　　　）主要用于软件机器人的部署与管理。

（4）在 RPA 实施的纳税申报过程被细分为三大子过程，即数据准备过程、数据提交过程、（　　　　　　）。

（5）（　　　　　　）是 UiPath 的重要组成部分，可以帮助用户在自动化业务流程中节省大量时间。

3. 实训题

创建一个简单的 RPA。

【实训目的】

（1）了解 RPA 的整体框架。

（2）熟悉 RPA 工具的使用。

【实训内容】

（1）下载 RPA 工具并安装。

（2）自动完成登录系统、下载 Excel 表格。

学习单元 4　程序设计基础

学习目标

【知识目标】

1. 识记：程序设计的基本概念、程序设计语言的发展历史。
2. 领会：程序设计的要素、程序流程图的功能。

【能力目标】

1. 能够根据需求绘制程序流程图。
2. 能够使用某种语言设计简单的程序。

【素质目标】

1. 能够针对程序功能的需求，理解和运用程序设计的相关知识，合理设计程序的算法，并选取某种编程语言完成算法的编码；具有良好的人文科学素养、软件逻辑思维和严谨的工作态度。

2. 能够在团队项目中表现出分工协作、交流沟通、组织协调以及领导指挥等作用，具有良好的团队意识和一定的国际视野，能适应社会和技术的不断发展，具备终身学习意识和学习能力。

单元导读

当下人们的工作和生活已很难完全离开各类程序。例如，职场人员上班可以使用手机扫码使用共享单车，或者以二维码付款形式乘坐公交车、地铁等交通工具；到了公司后打开计算机开始上班，各类专业软件能极大地提高办公效率；下班回家后打开外卖程序下单即可享受晚餐。这一切的实现都离不开程序。那么程序究竟是什么？它与计算机的关系是怎样的呢？程序是如何被设计出来的呢？

为了解答上述问题，本单元制订了如下任务。

1. 初识程序设计。
2. 掌握设计程序的流程。
3. 编写与验证程序。

任务 4.1　初识程序设计

任务描述

作为一名在校大学生，你是否统计过一天中你需要使用到多少次手机程序？从到食堂付款时使用的支付宝、微信等，到上课点名时使用的签到软件（如职教云、钉钉）。可以说，你每天的学习和生活都离不开程序。你是否设想过制作一款程序，来解决你学习或生活中遇到的问题？或者仅仅实现你的一些创意与想法？

任务目标

1. 了解程序设计的基本概念。
2. 认识程序设计语言的发展历史。
3. 掌握常见的程序设计语言及其特点。

电子活页 4-1　电子活页 4-2

阿达·洛芙莱斯的　浅谈安卓
生平事迹

任务实现

典型工作环节 1　了解程序设计的基本概念

程序是用程序设计语言编写的，经过编译以后运行在计算机上的指令序列。通俗地讲，程序就是人们用计算机能听懂的语言告诉计算机去做什么。

广义上的程序设计甚至早于电子计算机的出现。19 世纪 30 年代，英国数学家、发明家查尔斯·巴贝奇（Charles Babbage）设计了巴贝奇分析机，它是一台由蒸汽驱动、以十进制作为运算准则的机械式通用计算机。1842 年英国数学家阿达·洛芙莱斯（Ada Lovelace）在巴贝奇分析机上编写了一款用于计算伯努利数的程序，被认为是世界上的第一个计算机程序。在阿达·洛芙莱斯编写的程序中，还使用到了循环和子程序的概念，这对后世的计算机与软件工程领域造成了重大的影响。

程序是一种过程性描述，而不是一种结果性描述。在程序设计的过程中，尤其要注意以下 3 个关键要素。

① 数据结构的分析和设计：数据是可以被计算机处理并存储的符号的集合，而数据的结构可以分为逻辑结构和存储结构，逻辑结构通常指数据之间的逻辑关系，如线性结构、树状结构等；存储结构指数据在计算机中存储的形式，也称为物理结构。

② 算法的分析和设计：广义地说，为解决一个问题采取的方法和步骤，就称为"算法"。对于同一个问题，可以有多种不同的解题方法和步骤，因此程序算法是非常灵活多变的。计算机算法可以分为两大类：一类是数值运算算法，如求方程式根、均值、方差等；另一类是非数值运算算法，如图书检索、人脸识别等。

③ 系统架构的分析和设计：架构是指程序整体的组织结构，是从宏观层次上的分析、设计，体现了程序总体的规划、决策、控制。作为程序设计的高层阶段，系统架构通常包含软件、硬件、网络通信等多方面的组织结构，一般不会涉及技术实现的细节。

典型工作环节 2　认识程序设计语言的发展历史

1. 机器语言

20 世纪 40 年代，伴随着第一台通用电子计算机 ENIAC 的问世，第一代程序设

计语言 —— 机器语言诞生了。机器语言是用二进制代码表示的、计算机能直接识别和执行的一种机器指令的集合。由于用机器语言编写的程序只有 0 和 1 两个数字，所以直观性很差，编程时很容易出错，也不易于调试和纠错，熟练掌握机器语言编程是非常困难的。此外，采用机器语言编写的程序在不同机器间是互不通用的，也就是说同一个算法在不同的机器上实现时必须编写不同的程序。

2. 汇编语言

为了克服机器语言不便于阅读、难以记忆的问题，第二代程序设计语言 —— 汇编语言出现了。在汇编语言中，人们用一些容易理解和记忆的缩写单词（即助记符）来代替机器指令的操作码，用符号地址代替指令或操作数的地址。通过这种方式，汇编语言摆脱了只能用 0、1 编写晦涩难懂的机器语言程序的弊端，取而代之的是用具有明确意义的符号或指令，如 ADD（加法操作）、SUB（减法操作）等完成程序编码。但由于计算机硬件并不认识字母符号，因此需要有一个专门的程序（编译器）将这些符号转变成计算机能够识别的二进制数或机器语言。

汇编语言具有可阅读性、简便性，以及优秀的代码执行效率，在今天仍然被广泛应用于设备底层硬件，如驱动程序、嵌入式系统等。但是汇编语言毕竟是一门面向机器的语言，很难从其代码中理解程序设计意图；此外，它的编译器运行环境与硬件设备息息相关，程序跨平台、跨设备的移植和推广受限。程序员迫切要求设计一种“通用语言”以解决上述问题。

3. 高级语言

第三代程序设计语言——高级语言就是在这种“通用”需求下被创造出来的。高级语言是一种独立于机器，面向过程或对象的语言。它的设计参照了数学语言，以近似于人类自然语言的方式来表达程序设计意图，其特点是直观、通用、易懂。1954 年，第一门完全意义的高级语言 FORTRAN 问世，它的出现使程序彻底摆脱了特定机器运行环境的局限性，程序员可以把全部精力集中在对问题的求解上。从第一门高级语言诞生至今，已有上百门高级语言相继面世，其中不乏对后续程序设计产生重大影响的编程语言，也有很多高级语言至今仍在被广泛使用，如 BASIC、C、C++、Java、Python 等。

4. 目标语言

随着时代的进步，程序设计语言也在不断地向前发展。第三代程序设计语言虽然有易于阅读、方便编写的优势，但学习难度较高，人们需要更加简便的编程语言来实现程序设计的普及。第四代程序设计语言是目标语言，它的核心思想是：程序的内容是计算机要实现的目标，目标语言通过目标语言翻译器被翻译为操作语言。简单地说，通过目标语言，人们将要实现的功能告诉计算机，计算机识别、理解功能需求，然后自动生成对应的程序代码。

典型工作环节 3　掌握常见的程序设计语言及其特点

C 语言、Java 和 Python 是目前常用的 3 门高级语言，这 3 门语言也各有其特点和应用场景，具有较强的同类代表性。

1. C 语言

1969 年，美国贝尔实验室的研究员肯·汤普森（Ken Thompson）以 BCPL（一种早期的高级语言）为基础，设计出更简单且接近硬件的 B 语言（取自 BCPL 的第一个字母），并使用 B 语言编写了初版 UNIX 操作系统。随后丹尼斯·里奇（Dennis

笔 记

Ritchie）加入了肯·汤普森的研发团队，并于 1972 年在 B 语言的基础上设计出了一种全新的语言——C 语言。

C 语言的问世在编程语言的发展史中具有里程碑的意义，它是众多高级语言如 Java、Python 等的基础，也衍生了多种基于 C 语言的高级语言如 C++、Object C 等。作为一门面向过程的结构化程序语言，C 语言是如何做到长盛不衰、历久弥新的呢？这与 C 语言自身的特点息息相关。

（1）语言简洁、紧凑，数据类型丰富

C 语言包含的控制语句仅有 9 种，关键词也只有 32 个，即使是初学者也能很快掌握。同时，C 语言具有丰富的数据类型，包括整型、浮点型、字符型、数组类型、结构体类型、共用体类型等，此外还包含其他程序设计语言所没有的指针类型，可直接对内存空间中的数据进行操作。

（2）运算符丰富，库函数调用简单

C 语言包含 34 个运算符，它将赋值符、括号等均视作运算符来操作，这样做的好处是运算灵活，也使其表达式类型呈现一定程度的多样化。当普通运算符无法完成既定要求时，可直接调用 C 语言系统提供的大量标准库函数，这大大提高了程序设计的效率和质量。

（3）结构化控制，层次清晰明了

C 语言提供了一整套具有结构化特征的循环、条件判断和转移语句，实现了对程序逻辑流的有效控制。采用结构化方式可使程序层次清晰，便于使用、维护以及调试。C 语言的源程序由函数组成，每个函数都是独立的模块。对于大型、复杂的 C 语言程序，可以将其主体功能拆分为多个独立模块，合理分配给团队成员。独立模块可单独编译并生成目标代码，也可以与其他语言连接生成可执行文件，最终拼接成完整的程序。一旦某些模块出现问题，定位问题和解决问题都会比较方便。

（4）程序执行效率高、可移植性好

C 语言程序具有执行效率高、可移植性好等特点。C 语言中大多数运算符与一般机器指令相一致，可直接翻译成机器代码。另外，一些运算符明确地指定了不同的操作，可产生最短的机器代码。因此 C 语言的代码执行效率只比汇编程序生成的目标代码执行效率低 10%～20%。此外，与汇编语言相比，C 语言程序可以基本上不做修改就应用于各种型号的计算机和各种操作系统。正因如此，程序员可以将更多的时间和精力用于解决问题本身，而无须考虑程序运行平台的差异。

2. Java

Java 的历史要追溯到 1991 年，美国的 Sun 公司成立了专门的研究小组对家用电子设备进行前沿性研究，专攻计算机在家电产品上的嵌入式开发。在项目初期，研究小组选择了 C++ 进行设计和开发，但他们很快发现 C++ 程序需要消耗大量的设备资源，所以该小组去除了 C++ 中一些不太实用、影响安全的成分，并结合嵌入式系统的实时性要求，开发了一种面向对象的语言，命名为 Oak。Sun 公司后又看到 Oak 在计算机网络上的广阔应用前景，于是将 Oak 进行了改造并成功应用于 Web 上，并将其命名为 Java。

1995 年 5 月，Sun 公司正式向外界发布 Java，立即在业界引起了巨大的轰动。2010 年 4 月，Sun 公司被甲骨文公司（Oracle 公司）收购。2014 年 3 月，甲骨文公司发布了 Java 8，新增了 Lambda 表示特性。从 Java 11 后，大约每 6 个月官方就会更新一次 Java 版本，以更快地引入新特性。

总的来说，Java 具有如下特点。

（1）简单性

Java 的设计吸收了 C 语言及 C++ 的优点，为了降低程序的资源消耗，Java 去掉了 C 语言及 C++ 中比较困难、容易出错的部分，如不支持 goto 语句，以 break 和 continue 代替。Java 还剔除了 C++ 中运算符过载、指针、多继承的概念，进一步降低了学习难度。

（2）面向对象

Java 不同于 C 语言，它是一门纯面向对象的程序设计语言，所有元素都要通过类和对象来访问。面向对象的编程技术有很多优点，如通过对象的封装，可以降低数据非法操作的风险，使数据更加安全；通过类的继承，可以实现代码的重用，降低代码重复度。

（3）分布式

Java 具有强大且易于使用的网络编程 API 和联网能力。通过基于网络协议（如 TCP/IP）的类库，Java 应用程序可以非常方便地访问网络上的资源。Java 应用程序可以通过统一资源定位符（Uniform Resource Locator，URL）访问网络对象，访问方式就像访问本地文件那样简单，很适合分布式计算程序的开发。

（4）解释执行

Java 是一门先编译后解释执行的语言，Java 源程序经编译后生成字节码文件，由 Java 虚拟机（Java Virtual Machine，JVM）的解释器解释执行字节码文件。JVM 由 Sun 公司制作并在网上及时更新，其运行效率远高于一般的解释型语言所使用的解释器。

（5）可移植性

Java 最大的特性是跨平台。由于 Java 是解释后再执行，因此程序运行时无须考虑运行平台环境的差异，只需要借助不同平台的虚拟机解释成不同的机器码即可，具有"一次编写，到处运行"的特点。

（6）安全性

Java 不支持指针，因此消除了因指针操作而带来的安全隐患。同时，Java 具备完整的安全结构和策略，代码在编译运行时会被逐级检查，防止恶意程序和病毒的攻击。

（7）健壮性

Java 具有完善的强类型机制、异常处理机制、内存管理机制和安全检查机制，可以消除程序错误带来的影响。

（8）多线程

多线程的本质是允许应用程序在同一时间执行多项任务，并且在线程内部以及不同线程间可以正常通信。Java 多线程机制能充分发挥中央处理器（Central Processing Unit，CPU）的执行效率，提高程序性能。

（9）动态性

Java 应用程序可以动态加载需要的类到运行环境中，也可以在类库中自由加入新的方法和实例。Java 通过接口支持多重继承，因此比严格的多继承更灵活、更方便。Java 的类库是开放的，允许程序开发者根据需求自行定义类库。

3. Python

Python 是一门面向对象的解释型编程语言，由荷兰数学和计算机科学研究学会的

笔记

吉多·范罗苏姆（Guido van Rossum）于 1989 年发明，并于 1991 年公开发布了第一个正式版本。

Python 不同于 C 语言和 Java 等，其语法简洁清晰、易学易用，可阅读性强，编程模式符合人类的思维方式和习惯。Python 又被称为胶水语言，它可以将多种用不同语言编写的程序融合到一起，实现无缝拼接，充分发挥不同语言和工具的优势，满足不同应用领域的要求。

目前，Python 已经渗透计算机科学、统计分析、移动终端开发、图像识别处理、人工智能、网站开发、数据爬取、大数据分析等几乎所有专业和领域。搜索引擎 Google、百度的核心代码均由 Python 实现，国内一些用户量巨大的网站也将 Python 作为主要开发语言。

> 小思考：你还能列举一些生活中常见的程序吗？你知道这些程序是如何被设计出来的吗？

任务 4.2　掌握设计程序的流程

任务描述

随着我国计算机和"互联网 +"产业的蓬勃发展，越来越多的毕业生选择成为程序员。互联网行业的覆盖范围非常广，不仅有前端开发、软件设计、云计算、大数据等热门职业，还有人工智能、数据安全工程技术、数字化解决方案设计等众多新职业。

任务目标

1. 了解程序设计的过程。
2. 掌握程序流程图的绘制方法。
3. 学会绘制排序流程图。

> 小思考：程序员的工作通常包含程序的开发和维护工作，那么程序开发的流程是什么？如何才能更有效地完成程序设计任务？

任务实现

典型工作环节 1　了解程序设计的过程

在计算机技术发展的早期，程序设计主要指构造软件的活动。随着软件技术的发展，软件系统也更加复杂，逐渐分化出不同的专用系统，如操作系统、应用服务器、数据库系统等。在这种情况下，构造软件的活动就不仅是纯粹的算法设计和代码编写，还包括如 UI 设计、接口设计、通信协议设计等。但无论该程序的应用场景如何，程序设计的过程都应当包括问题分析、算法设计、编写程序、程序调试、程序测试等不同阶段。

（1）问题分析：对要解决的问题进行详细、深入的分析，研究给定的条件，结合要达到的目标，找到解决问题的方法。

（2）算法设计：算法是程序设计的核心，它将解决问题的方法抽象成数学模型，设计出解题的方法和具体步骤。

（3）编写程序：将算法"翻译"成选定的某种程序设计语言，编写源程序代码。

（4）程序调试：运行源程序，得到运行结果，对结果进行分析，对不合理的地方进行修改。

（5）程序测试：设计多组测试场景、测试数据等，检查不同数据的运行情况，发现程序中的漏洞并进行对应的修改，编写测试文档。

典型工作环节 2　掌握程序流程图的绘制方法

> 小思考：你听说过流程图吗？你知道流程图的基本作用吗？

流程图是一类代表流程的图表，它通过一些用箭头连接的图形来展示其中的步骤。流程图作为一种可视化表达的工具，常用于程序算法设计的环节，它可以将一个复杂的过程简单而直观地展示出来，帮助程序员准确判断步骤之间的逻辑关系，确保程序的完整性和正确性。

1. 流程图符号

流程图的符号不是随意使用的，每一种符号都有其特殊含义。美国国家标准化协会（American National Standards Institute，ANSI）曾规定了一些常用的流程图符号（见表 4-1），被程序员普遍采用。

表 4-1　常用的流程图符号

流程图符号	符号名称	说明
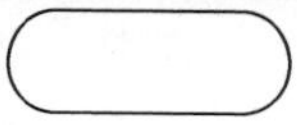	开始与结束标志	椭圆形符号，流程图的"开始"或"结束"都以此图形为标志
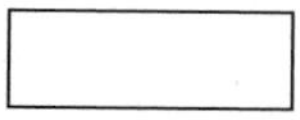	活动标志	矩形符号，流程图的主要表达元素，用来表示流程中的一个步骤
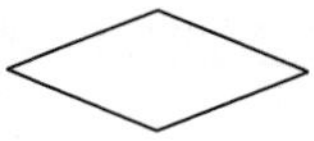	判断标志	菱形符号，用来表示流程中的一项逻辑判断或一个分叉点
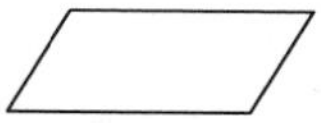	输入 / 输出标志	平行四边形符号，用来表示数据的输入与输出
	流程标志	箭头符号，将流程图中的图形元素连接起来，用来表示步骤在程序中的进展方向

2. 流程控制结构

流程图由三大基本结构构成，这三大基本结构分别为顺序结构、分支结构和循环结构，它们构成了流程执行的全过程。基本结构之间可以并列、可以相互包含，但不允许交叉，不允许从一个结构直接转到另一个结构的内部。

（1）顺序结构

在顺序结构中，各个步骤是按照先后顺序依次执行的，这是流程控制结构中最简单也是最基本的一种。图 4-1 所示为顺序结构流程，A 和 B 是按从上至下的顺序执行的，即在执行完 A 所指定的操作后，接着执行 B 所指定的操作。

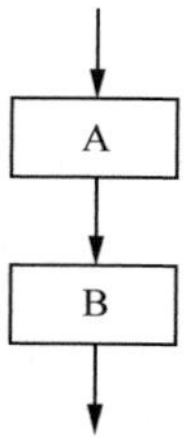

（2）分支结构

分支结构又称选择结构，用于判断某个给定的条件，并根据判断的结果来控制程序的流程。判断的结果通常为"是"或"否"（也可简

图 4-1
顺序结构流程

写为 Y 或 N），针对不同的判断结果可以根据需求添加不同的操作（见图 4-2），当然也可以为空操作（见图 4-3、图 4-4）。

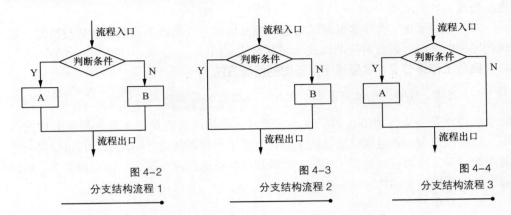

图 4-2
分支结构流程 1

图 4-3
分支结构流程 2

图 4-4
分支结构流程 3

（3）循环结构

循环结构又称重复结构，就是流程在一定的条件下，反复执行某一项操作的流程控制结构，直到满足某个条件为止。

循环结构可以看成一个判断条件和一个向回转向条件的组合，循环结构包括 3 个要素：循环变量、循环体和循环终止条件。在流程图的表示中，判断框内写上判断表达式，两个出口分别对应判断成立和判断不成立时所执行的不同指令。其中一个要指向循环体，然后从循环体回到判断框的入口处。循环结构又可以细分为当型（while）循环结构和直到型（do-while）循环结构两种。

① 当型循环结构：当条件成立时执行循环，其流程如图 4-5 所示。

② 直到型循环结构：直到条件不成立时循环才会终止执行，其流程如图 4-6 所示。

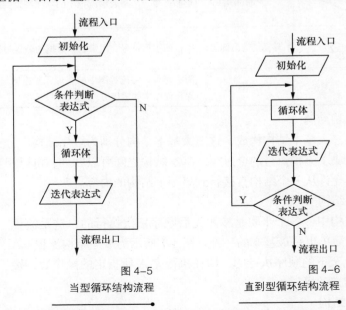

图 4-5
当型循环结构流程

图 4-6
直到型循环结构流程

当型循环结构和直到型循环结构的区别就在于判断条件的位置。当型循环结构先判断条件是否成立，再在条件成立的基础上执行循环体语句；而直到型循环结构则相反，即先执行循环体语句，再进行条件判断，因此在直到型循结构中，循环体语句至少被执行一次。

3. 流程图的意义

用流程图来表示程序算法最大的优势就在于其形象直观、易于理解，更方便开发交流及测试检验。算法流程图不仅用来指导编写程序，而且在调试程序时可以用来检查程序的正确性。如果框图是正确的而结果不对，则按照框图逐步检查程序是很容易发现错误的。一般来说，核心算法流程图会作为程序说明书的一部分存入开发文档，在程序交付时提交给合作伙伴存档。

4. 绘制流程图的原则

为了提高算法的质量，保持程序逻辑的清晰，提高流程图的可阅读性，在绘制流程图时要遵守以下几点原则。

（1）绘制流程图时，应遵循从左到右、从上到下的顺序。

（2）一个流程图从开始符号开始，以结束符号结束。开始符号只能出现一次，而结束符号可出现多次。

（3）菱形框为判断符号，必须要有"是"和"否"（或 Y 和 N）两种处理结果，也就是说菱形框一定要有两条箭头流出。

（4）同一个流程图内，符号大小需要保持一致，同时连接线不能交叉，连接线不能无故弯曲。

（5）流程处理关系为并行关系的，需要将流程放在同一高度。

（6）必要时应采用标注，以此来清晰地说明流程，标注要用专门的标注符号。

（7）处理流程需以单一入口和单一出口绘制，同一路径的指示箭头应只有一个。

（8）流程图中，如果有参考其他已经定义的流程，无须重复绘制，直接用已定义的流程符号即可。

电子活页 4-3

典型工作环节 3　学会绘制排序算法流程图

> 小思考：你听说过排序算法吗？什么场合适合使用排序算法？

选择排序算法的
基本原理

排序算法就是将一组或多组数据按照某种既定的模式进行重新排序，经过排序的新序列遵循着一定的规则，有一定的规律性。经过排序的数据更便于计算和使用，可以大幅提高计算的效率。常见的排序算法有冒泡排序、选择排序、插入排序、希尔排序等，每一种排序算法的时间和空间复杂度都不同，具体对比如表4-2所示。

表 4-2　多种排序算法对比

排序算法	平均时间复杂度	最好情况	最坏情况	空间复杂度	排序方式	稳定性
冒泡排序	$O(n^2)$	$O(n)$	$O(n^2)$	$O(1)$	内部排序	稳定
选择排序	$O(n^2)$	$O(n^2)$	$O(n^2)$	$O(1)$	内部排序	不稳定
插入排序	$O(n^2)$	$O(n)$	$O(n^2)$	$O(1)$	内部排序	稳定
希尔排序	$O(n\log n)$	$O(n\log^2 n)$	$O(n\log^2 n)$	$O(1)$	内部排序	不稳定
归并排序	$O(n\log n)$	$O(n\log n)$	$O(n\log n)$	$O(1)$	外部排序	稳定
快速排序	$O(n\log n)$	$O(n\log n)$	$O(n^2)$	$O(n\log n)$	内部排序	不稳定
堆排序	$O(n\log n)$	$O(n\log n)$	$O(n\log n)$	$O(1)$	内部排序	不稳定
计数排序	$O(n+k)$	$O(n+k)$	$O(n+k)$	$O(k)$	外部排序	稳定

排序算法	平均时间复杂度	最好情况	最坏情况	空间复杂度	排序方式	稳定性
桶排序	$O(n+k)$	$O(n+k)$	$O(n^2)$	$O(n+k)$	外部排序	稳定
基数排序	$O(n \times k)$	$O(n \times k)$	$O(n \times k)$	$O(n+k)$	外部排序	稳定

笔记

　　冒泡排序的英文是 Bubble Sort，之所以叫作"冒泡排序"，是因为需要排序的元素会根据自身大小一点一点地向数组某一侧移动，整体来看就像是水中一连串缓缓上升的小气泡。

　　冒泡排序算法的基本原理是：重复走访需要排列的数组元素，每一次都需要从第一位开始进行相邻两个元素的比较，将较大的元素放在后面（针对从小到大排序的要求，若为从大到小排序则相反），比较完毕之后向后挪一位继续比较相邻两个元素的大小，重复此步骤直到只剩最后一个尚未排序的元素。对此，我们可以总结出冒泡排序（从小到大）的算法步骤。

　　（1）比较相邻的元素。如果第一个元素比第二个元素大，就交换它们两个。

　　（2）对每一对相邻元素做同样的工作，从开始的第一对到结尾的最后一对。这步做完后，最后的元素会是最大的数。

　　（3）针对所有的元素（除了最后一个）重复以上的步骤。

　　（4）持续每次对越来越少的元素重复上面的步骤，直到没有任何一对元素需要比较。

　　结合上述算法步骤，我们利用在上一个典型工作环节中学习到的流程图知识，绘制该过程的算法流程图，如图 4-7 所示。

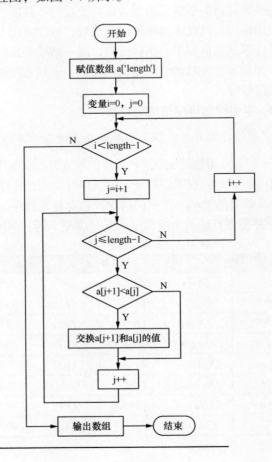

图 4-7
冒泡排序算法
流程图

任务 4.3　编写与验证程序

任务描述

根据 2020 年开发者生态系统状况调查，全世界有超过 1/3 的专业开发人员将 Java 作为主要开发语言，在我国这一比例更高，达到了 51%。Java 在我国如此流行，与 Java 本身免费、开源和政府支持有一定关系，同时也与国内一些大型企业的重要业务服务依靠 Java 来运行有关。在本任务中我们就选择 Java 作为程序设计语言，一起来学习如何利用 Java 编写程序吧！

任务目标

1. 学会搭建 Java 开发环境。
2. 掌握 Java 编程基础知识。
3. 使用 Java 编写程序。

> 小思考：根据前面学习的知识，你已经了解程序设计的基本脉络，那该如何应用已有的知识编写一段程序？

任务实现

典型工作环节 1　学会搭建 Java 开发环境

1. 安装 JDK

JDK（Java Development Kit）是 Java 的软件开发工具包，它包含 Java 的运行环境 JVM 和 Java 类库等。在编译和运行 Java 程序之前，必须安装 JDK 并配置相应的系统环境变量。

（1）下载 JDK

访问 Oracle 官网，单击页面上方的"Products"标签，单击"Java"，进入 JDK 下载页面。在该页面中选中"Windows"子标签，并单击"Download"栏中框线所示的链接，如图 4-8 所示。

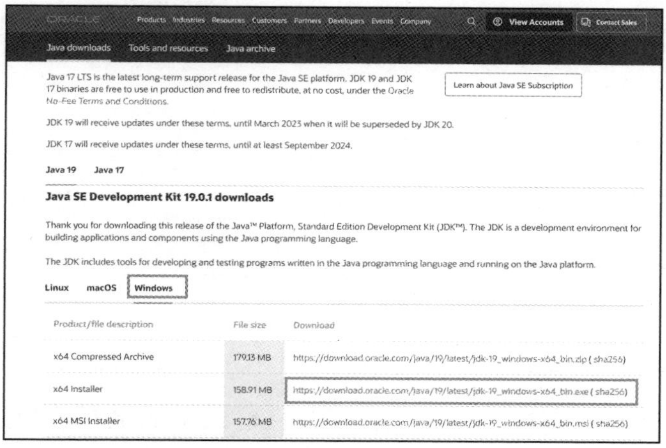

图 4-8
JDK 下载页面

笔记

> 小提示：若想下载 JDK 11，可单击该页面的"Java archive"标签，选择"Java SE"并单击"Java SE 11"，筛选本机适用的版本开始下载即可，如图 4-9 所示。

图 4-9
下载 JDK 11

（2）安装 JDK

双击下载好的 jdk-19_windows-x64_bin.exe 文件，根据安装提示进行安装即可。

（3）配置 JDK

在 Windows 操作系统中，需要手动配置环境变量 Path，才可以在任何路径中识别 Java 命令。以 Windows 10 操作系统为例，配置系统环境变量的方法如下。

① 右击"此电脑"，在弹出的快捷菜单中选择"属性"命令，如图 4-10 所示，并在弹出的"系统"窗口中单击"高级系统设置"按钮，如图 4-11 所示。

图 4-10
选择"属性"命令

图 4-11
"系统"窗口

② 在打开的"系统属性"对话框中选择"高级"选项卡，再单击"环境变量"按钮，如图 4-12 所示。

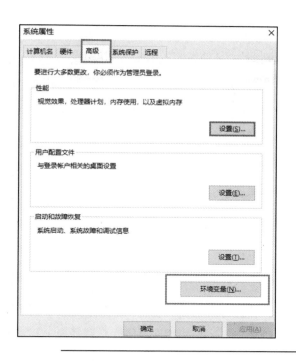

图 4-12
"系统属性"
对话框

③ 在打开的"环境变量"对话框中选择"系统变量"栏中的"Path"选项，单击"编辑"按钮，如图 4-13 所示。

图 4-13
"环境变量"
对话框

④ 在打开的"编辑环境变量"对话框中单击"新建"按钮，在编辑框中输入"C:\Program Files\Java\jdk1.8.0_65\bin"，如图 4-14 所示。

> 小提示：此路径为 JDK 默认安装路径，若在安装 JDK 时修改了安装路径，此内容需要进行对应的修改。另外，"jdk1.8.0_65"为本机下载的 JDK 版本，用户需根据自己下载的 JDK 版本进行修改。

图 4–14
"编辑环境变量"
对话框

⑤ 单击"上移"按钮，将新建的 JDK 环境变量路径向上移动至顶端，再单击"确定"按钮保存。

⑥ 在"命令提示符"窗口中执行"javac"命令，如果能正常地显示帮助信息，说明系统环境变量 Path 配置成功，如图 4-15 所示。

图 4–15
"命令提示符"
窗口

2. 安装集成开发工具 Eclipse

Java 源代码本质上就是普通的文本文件，所以理论上来说任何可以编辑文本文件的编辑器都可以作为 Java 代码编辑工具，如 Windows 记事本、macOS 的文本编辑工具等。而这些简单工具没有语法的高亮提示、自动联想、方法跳转等功能，这些功能的缺失会大大降低代码的编写效率，所以在学习时需选用一些功能强大的高级工具，如 Notepad++、Sublime Text、UltraEdit 等。

以上工具一般只适用于 Java 初学者，实际项目开发时，更多的还是选用集成开发环境（Integrated Development Environmect，IDE）作为开发工具。所谓 IDE 就是把代码的编写、调试、编译、执行都集成到一个工具中，不用单独在每个环节使用相应的工具。当下在 Java 开发领域流行的两款工具是 Eclipse 和 IntelliJ IDEA。IntelliJ IDEA 是目前备受欢迎的一款 Java 开发工具，其界面美观、功能全面；但系统资源消耗很大，同时是收费产品。Eclipse 是一款完全开源且免费的 Java 开发工具，有着良好的性能，以方便 Java 应用开发为主旨，在当下市场中仍然占据着一定的比例。本任务选择 Eclipse 作为 Java 开发工具。

Eclipse 的安装步骤如下。

（1）打开 Eclipse 官网，单击页面右上角的"Download"按钮，选择本机适合的版本下载，如图 4-16 和图 4-17 所示。

图 4-16

Eclipse 官网

图 4-17

Eclipse 官网下载页

出现图 4-18 所示的页面时无须担心，Eclipse 是完全免费的，捐款与否不影响安装程序的下载。

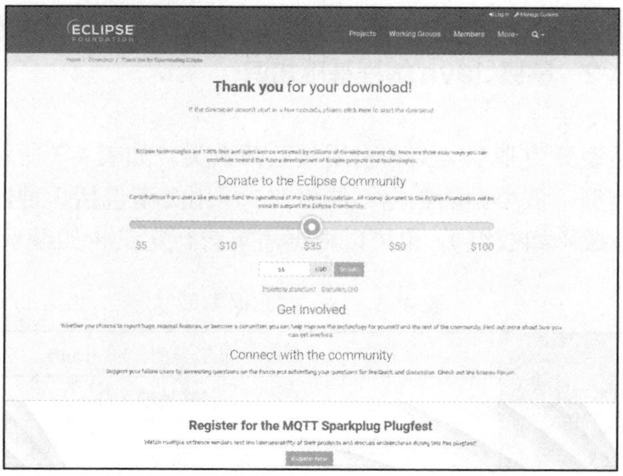

图 4-18

Eclipse 下载

提示页

（2）双击下载好的 eclipse-inst-jre-win64.exe 文件，在打开的对话框中选择 "Eclipse IDE for Java Developers"，如图 4-19 所示。

图 4-19
Eclipse 安装版本
选择页

（3）设置 Eclipse 的安装目录，同意协议后进行安装，如图 4-20 和图 4-21 所示。

图 4-20
Eclipse 安装配置页

图 4-21
Eclipse 安装位置选择页

（4）安装完成后启动，会弹出提示界面选择 WorkPlace，用于存放项目开发时的代码，可选择默认目录，也可更改到其他地方。至此，Eclipse 就安装成功了。

典型工作环节 2 掌握 Java 编程基础知识

1. Java 的数据类型

Java 的数据类型分为基本类型和引用类型两大类，如表 4-3 所示。其中，基本类型包括 8 种数据类型，该类型的数据不能修改；引用类型包括 3 种数据类型，它可以由基本类型组合而成（如数组），也可以根据需求自行定义（如继承类和接口）。

表 4-3 Java 的数据类型

基本类型（primitive）	布尔类型（boolean）	
	字符类型（char）	
	整数类型	字节型（byte）

续表

		短整型（short）
基本类型（primitive）	整数类型	整型（int）
		长整型（long）
	浮点类型	浮点型（float）
		双精度型（double）
引用类型（reference）	类（class）	
	接口（interface）	
	数组（array）	

2. 变量和常量

变量是指在程序执行期间可根据需求经常变化的值。所有的变量都要先声明才能使用，声明不仅要包含变量的名称，还要包含该变量的数据类型，其语法格式如下。

［访问修饰符］［存储修饰符］<数据类型> <变量名>[= 初始值]；

其中，方括号表示可选项，尖括号表示必选项，变量名要符合一定的命令规则，具体规则如下。

（1）只能由字母、数字、下画线和美元符号（$）组成。

（2）不能使用 Java 中预先设定的关键字，如 static、class、if 等。

（3）首字符不能是数字。

（4）大小写敏感。

举例：public static int number = 20; private double price=20.0;

变量又可分为全局变量和局部变量。全局变量的作用域是整个类块，即当前类中任何一行代码都可以创建或引用该变量；局部变量的作用域在当前方法（或函数）内，即只有在某一块区域的代码才可以创建或引用该变量。

常量是指在程序执行期间其值不能改变的量，也就是说在整个程序中它仅能被赋值一次。在 Java 中，常量可以进一步划分为常数和常变量，常变量是由 final 关键字修饰的变量，其实是变量的一种特殊形式。当程序有多处需要引用某个值时，我们可以将该值定义为常量，避免重复输入。当后期需要修改该值时，只需要在其赋值处修改为具体的数值即可。

3. 流程控制结构

与其他高级语言类似，Java 的流程控制结构同样有 3 种：顺序结构、分支结构和循环结构。不同的是，Java 支持使用 break、continue、return 这 3 种语句跳出分支结构和循环结构，不支持 goto 语句。下面重点介绍分支结构和循环结构。

（1）分支结构

在分支结构中，Java 使用的语句主要有 if 语句和 switch 语句两种。if 语句的语法格式如下：

```
if( 条件表达式 ){
    语句块；
}
```

即当条件表达式为真，则执行花括号内的语句块，否则跳过花括号执行下面的语句。如果想要在条件表达式为假时执行其他功能，则需要使用 if-else 语句，语法格式如下：

```
if(条件表达式){
    语句块 1；
}else{
    语句块 2；
}
```

上述语句的执行过程是：当条件表达式为真时，执行语句块 1；当条件表达式为假时，执行语句块 2。当编程时需要判断一系列条件，且一旦满足某个条件就执行该条件对应的语句块时，就需要用到 if-else if-else 嵌套结构，语法格式如下：

```
if(条件表达式 1){
    语句块 1；
}else if(条件表达式 2){
    语句块 2；
}
...
else if(条件表达式 n){
    语句块 n；
}
else{
    语句块 n+1；
}
```

上述语句的执行过程是：从上至下依次判断条件表达式，若某个条件表达式为真，则执行对应的语句块，然后跳到整个 if 判断语句之外继续执行程序。如果所有条件表达式都为假，则执行 else 语句块对应的代码，然后继续执行程序。

小提示：最后的 else 语句是可以省略的，即所有条件表达式都为假时，该 if 判断语句可以任何内部代码都不执行。

当 if-else 语句分支较多时，可以考虑使用 switch-case 语句来实现程序的多分支控制，提高程序的可阅读性，语法格式如下：

```
switch(条件表达式){
    case 常量表达式 1：[语句块 1]    [break;]
    case 常量表达式 2：[语句块 2]    [break;]
    ...
    case 常量表达式 n：[语句块 n]    [break;]
    [default: 语句块 n+1]
}
```

在 switch-case 语句中，switch 条件表达式的运算结果必须为整型、字符型或字符串型；case 的常量表达式运算结果必须与 switch 条件表达式运算结果的数据类型相同；方括号中的内容为可选项。该语句的执行过程是：首先计算 switch 条件表达式的结果，然后将结果依次与 case 的常量表达式的值进行比较，如果两个值相等，则执行该 case 内的语句块，如果没有找到任何匹配值，则执行 default 内的语句块。

（2）循环结构

在实际的项目中，经常会遇到需要重复执行某些操作的情况，此时就会用到程序的循环结构。Java 共提供了 3 种循环语句实现程序循环的效果，分别是 while、do-while 和 for 语句。

　　while 循环又称为当型循环，while 语句的语法格式如下：

```
while（条件判断表达式）{
    循环体语句块；
}
```

　　当条件判断表达式为真时，执行循环体语句块，接着再次判断表达式的值，如果仍为真，则继续执行循环体语句块；如此重复直到表达式的值为假，结束循环，执行程序之后的代码。

　　某些情况下，如果需要该循环体语句块至少执行一次，就可以选择 do-while 循环，即直到型循环，do-while 语句的语法格式如下：

```
do{
    循环体语句块；
}while（条件判断表达式）；
```

　　在 do-while 循环中，首先执行一次循环体语句块，再判断表达式的值，若判断为真则继续下一次循环；如此重复直到某次判断表达式的值为假，结束循环，执行程序之后的代码。

　　如果明确知道循环需执行的次数，则可以使用 for 循环，使程序的结构更加清晰。for 循环语句的语法格式如下：

```
for（初始化表达式；条件判断表达式；迭代表达式）{
    循环体语句块；
}
```

　　① 在 for 循环开始时，执行初始化表达式，通常用作对循环变量的赋值。

　　② 条件判断表达式是循环是否继续的判断依据，若运算结果为真，则继续执行循环体语句块，否则结束循环。

　　③ 迭代表达式是在每次循环体语句被执行后调用的表达式，用以改变循环变量的值，多数为自增或自减表达式。当得到本次循环结束后的循环变量值后，将其返回给条件判断表达式，若条件判断表达式值为真，则继续下一次循环，否则退出 for 循环。

典型工作环节 3　使用 Java 编写程序

　　在任务 4.2 的典型工作环节 3 中已经绘制了冒泡排序算法的流程图，结合本任务的典型工作环节 1、2 中的相关知识，在开发工具 Eclipse 中编写 Java 冒泡排序程序。根据流程图，首先需要初始化需排序的数组，由于本程序仅用作演示，因此在初始化数组时直接赋值，对应的 Java 代码如下：

```
int[] arr= {20,10,30,50,90,300,100}; // 初始化原数组
```

　　在初始化源数组时已经知道了数组的长度（即数组中元素的个数），因此选择 for 循环语句完成循环代码的设计。根据流程图，编写 for 循环关键语句如下：

```
for (int i = 0; i < arr.length; i++) {
    for (int j = 0; j < arr.length - 1 - i; j++) {
    }
}
```

笔记

在每一轮循环判断中比较前后两个元素的值，如果第一个元素的值大于第二个元素的值，则需要交换二者的值，方能实现从小到大的排序要求。交换语句的代码如下：

```
int temp = arr[j + 1];
arr[j + 1] = arr[j];
arr[j] = temp;
```

最后将以上几段代码合并，并添加注释和控制台输出语句以提高程序执行的直观性，就得到了用 Java 编写的数组冒泡排序程序。

```
public class ForDemo {
    public static void main(String[] args) {
        int[] arr= {20,10,30,50,90,300,100}; // 初始化原数组
        for (int i = 0; i < arr.length; i++) {
            // 比较相邻两个元素，较大的元素往后 "冒泡"
            for (int j = 0; j < arr.length - 1 - i; j++) {
                if (arr[j] > arr[j + 1]) {
                // 当比较的第一个元素值大于第二个元素值时，要将二者交换
                    int temp = arr[j + 1];
                    arr[j + 1] = arr[j];
                    arr[j] = temp;
                }
                System.out.print(arr[j] + " "); // 对排序后的数组元素进行输出
            }
            System.out.print("【");
            for (int j = arr.length - 1 - i; j < arr.length; j++) {
                System.out.print(arr[j] + " ");
            }
            System.out.println("】");
        }
    }
}
```

该程序的运行结果为

```
10 20 30 50 90 100 【 300 】
10 20 30 50 90 【100 300 】
10 20 30 50 【90 100 300 】
10 20 30 【50 90 100 300 】
10 20 【30 50 90 100 300 】
10 【20 30 50 90 100 300 】
【10 20 30 50 90 100 300 】
```

任务 4.4　练习

电子活页 4-4

测试方法

1. 选择题

（1）C 语言是（　　　）。

A. 机器语言　　　　B. 汇编语言　　　　　　C. 高级语言　　　D. 目标语言

（2）计算机能直接执行的语言是（　　　）。

A. 机器语言　　　　B. 汇编语言　　　　　C. 高级语言　　D. 目标语言

（3）【多选】程序的流程控制结构包括（　　　　）。

A. 顺序结构　　　　B. 分支结构　　　　　C. 循环结构　　D. 非线性结构

（4）以下（　　　）不是 Java 规定的基本数据类型。

A. int　　　　　　B. boolean　　　　　C. double　　　D. string

2. 填空题

（1）计算机程序语言一般分为 3 类：机器语言、汇编语言和（　　　　　　）。

（2）程序设计的过程应当包括问题分析、算法设计、（　　　　　　）、程序调试、程序测试等不同阶段。

3. 实训题

多名同学组成一个程序开发小组，在学习选择排序算法的基础上，使用 Java 设计从小到大的数组排序程序。

笔记

学习单元5 大数据基础

【知识目标】

1. 识记：大数据的基本概念、典型特性、发展趋势。
2. 领会：大数据的相关技术。

【能力目标】

1. 熟悉典型的大数据可视化工具及其基本使用方法。
2. 初步具备搭建简单大数据环境的能力。

【素质目标】

1. 能够针对大数据工程领域进行环境搭建和应用管理，熟悉大数据在获取、存储和管理方面的相关技术，了解大数据应用中面临的风险，以及大数据安全防护的基本方法，自觉遵守和维护相关法律法规。

2. 能够通过足够的"持续职业发展"保持和拓展个人能力，熟悉大数据行业国内外的发展现状和趋势，能适应大数据的发展以及职业发展的变化。

单元导读

当今社会是一个高速发展的社会，信息流通快速，人们之间的交流越来越密切，生活也越来越方便，大数据就是这个高科技时代的产物。未来的时代将不是IT的时代，而是数据科技（Data Technology，DT）的时代。大数据技术的战略意义不在于掌握庞大的数据信息，而在于对这些有意义的数据进行专业化处理。如果把大数据比作一种产业，那么这种产业实现盈利的关键就是提高对数据的"加工能力"，通过"加工"实现数据的"增值"。

2015年9月，国务院印发《促进大数据发展行动纲要》（以下简称《纲要》），系统地部署了大数据发展工作。《纲要》明确提出，推动大数据的发展和应用，在未来5~10年打造精准治理、多方协作的社会治理新模式，建立运行平稳、安全高效的经济运行新机制，构建以人为本、惠及全民的民生服务新体系，开启大众创业、万众创新的创新驱动新格局，培育高端智能、新兴繁荣的产业发展新生态。

为了让大家尽快熟悉大数据，本单元制订了如下任务。

1. 初识大数据。
2. 探析大数据安全防护。
3. 熟悉大数据的相关技术。
4. 了解大数据可视化。
5. 搭建大数据环境。

任务 5.1　初识大数据

任务描述

大数据技术的发展和应用，不仅给我们带来了便利和机遇，也给我们的社会、经济、文化、伦理等各方面带来了深刻的影响和挑战。例如，在医疗领域，大数据分析可以帮助医生诊断疾病和预测患者病情的发展；在金融领域，大数据分析可以帮助银行识别欺诈和风险；在市场营销领域，大数据分析可以帮助公司了解客户的需求和习惯。对企业来说，如何有效地利用大数据资源并将其转化为实际价值，已经成为企业关注的焦点。

任务目标

1. 了解大数据的基本概念。
2. 掌握大数据的典型特点。
3. 了解大数据的应用领域。
4. 熟悉大数据的发展趋势。

任务实现

典型工作环节 1　了解大数据的基本概念

大数据（Big Data）也称为巨量资料，指的是所涉及的资料量规模巨大到无法通过主流软件工具，在合理时间内达到获取、管理、处理并整理成为帮助企业经营决策更积极目的的资讯。大数据的定义取决于持有数据组的机构的能力，以及其平常用来处理数据的软件的能力。对某些组织来说，面对数百 GB 的数据集就可能需要他们重新思考数据管理的选择；而对另一些组织来说，数据集达到数十或数百 TB 可能才会对他们造成困扰。

大数据也可以定义为来源众多的大量非结构化或结构化数据。从学术角度而言，大数据的出现促进了广泛主题的新颖研究，也促进了各种大数据统计方法的发展。大数据并没有统计学的抽样方法，它只是观察和追踪发生的事情。因此，大数据通常包含的数据大小会超出传统软件在可接受的时间内处理的能力。由于技术的进步，发布新数据的便捷性及政府对数据高透明度的要求，大数据分析在现代研究中越来越突出。

典型工作环节 2　掌握大数据的典型特性

大数据与典型数据资源不同，它具有数量繁多的特性和复杂性，需要用高级商业智能工具进行处理和分析。大数据的特性是 4V，即 Volume（规模性）、Variety（多样性）、Velocity（高速性）、Value（价值性）。

1. 规模性

数据的特性首先是"数量大"，存储单位从过去的 GB 到 TB，再到 PB、EB。随着信息技术的高速发展，数据开始爆发式增长。社交网络、移动网络、各种智能终端等，都成为数据的来源。因此，智能的算法、强大的数据处理平台和先进的数据处理技术对统计、分析、预测和实时处理大规模的数据而言都是迫切需要的。

2. 多样性

广泛的数据来源决定了大数据形式的多样性。大数据大体可分为 3 类：一是结构化数据，如财务系统数据、信息管理系统数据、医疗系统数据等，其特点是数据间的因果关系强；二是非结构化数据，如视频、图片、音频等，其特点是数据间没有因果关系；三是半结构化数据，如 HTML 文档、邮件、网页等，其特点是数据间的因果关系弱。

3. 高速性

大数据时代的数据产生速度非常迅速。在 Web 2.0 时代，1 分钟内，新浪可以产生约 2 万条微博，淘宝可以卖出约 6 万件商品，百度可以产生约 90 万次搜索查询。大型强子对撞机（Large Hadron Collider，LHC）每秒约产生 6 亿次碰撞，每秒生成约 700 MB 的数据。

大数据时代的很多应用都是基于快速生成的数据给出实时分析结果，用于指导生产和生活实践。因此，数据处理和分析的速度通常要达到秒级，这一点和传统的数据挖掘技术有着本质的不同，后者通常不要求给出实时分析结果。

为了快速分析海量数据，新兴的大数据分析技术通常采用集群处理和独特的内部设计。阿里巴巴集团的 MaxCompute（原名为 ODPS）是一款强大的大数据处理平台，拥有海量数据存储及多样化的数据处理能力。结合数据和思政元素，MaxCompute 可以深入挖掘政治教育、舆情监控和社会治理等领域的数据价值，为政府和企业提供科学决策依据，推动社会思想道德建设，实现数据驱动的高效管理和服务。

4. 价值性

价值性是大数据的核心特性。在现实世界产生的数据中，有价值的数据所占的比例很小。相比于传统的小数据，大数据最大的价值在于从大量不相关的各种类型的数据中挖掘出对未来趋势与模式预测分析有价值的数据，通过机器学习方法、人工智能方法或数据挖掘方法深度分析，发现新规律和新知识，并运用于农业、金融、医疗等各个领域，最终实现改善社会服务、提高生产效率、推进科学研究的目的。

典型工作环节 3　了解大数据的应用领域

1. 电商领域

在电商领域，商家利用大数据技术，根据客户的消费习惯提前生产、提前进行物流管理等，有利于精细社会大生产。由于电商数据较为集中，数据量足够大，数据种类较多，因此未来电商数据的应用将会有更多的发挥空间，包括预测流行趋势、消费趋势、地域消费特点、客户消费习惯、各种消费行为的相关度、消费热点、影响消费的重要因素等。

2. 医疗领域

大数据在医疗领域可应用于疾病的预测和预防、临床决策支持、医疗资源管理和个性化医疗等方面，提高工作效率。

无论是病理报告、治愈方案还是药物报告等方面，医疗机构都可以利用大数据分析技术预测和预防疾病。例如，医生可以通过分析大量的病例数据为患者提供更加准确和可靠的诊断和治疗建议；大数据分析技术还可以帮助医疗机构优化医疗资源的分配和管理。未来，医疗机构可以借助大数据平台收集不同病例和治疗方案，以及患者的基本特征，建立针对疾病特点的数据库，为每个患者提供个性化的医疗服务，提高医疗效率和质量，改善患者的生活质量。

3. 政府领域

"智慧城市"已经在多地尝试运营，通过大数据，政府部门可以了解社会的发展变化与需求，从而更加科学化、精准化、合理化地为市民提供相应的公共服务及资源配置。

4. 传媒领域

传媒领域的企业通过收集各类信息，进行分类筛选、清洗、深度加工，可实现对用户需求的准确定位和把握，还可追踪用户的浏览习惯，不断进行信息优化。

5. 金融领域

在金融领域，金融机构可以利用大数据分析技术进行风险评估、投资分析、信用评估和欺诈检测等方面的工作。例如，银行可以通过分析客户的消费习惯、收入水平、债务负担等信息来预测客户的贷款违约风险；基金公司可以利用大数据分析来预测市场趋势和股票价格走势，优化投资组合，提高收益率；信用卡公司可以通过分析客户的消费行为、还款记录等信息来评估客户的信用，进而决定是否发放信用卡或提高信用额度。总之，大数据分析在金融领域的应用可以帮助金融机构更好地评估风险、进行投资分析、提高客户服务水平等，从而实现更加精准、高效、安全的金融服务。

6. 教育领域

在教育领域，教育机构通过大数据进行分析，能够为每位学生量身定制个性化的课程，以及为学生提供更科学、更具挑战性的学习计划。

7. 交通领域

大数据技术可用于预测交通情况，为改善交通状况提供优化方案，有助于交通部门提高对道路交通的把控能力，防止和缓解交通拥堵，提供更加人性化的服务。其主要应用包括交通流量分析、路网规划和优化、智能交通管控及交通运输预测和规划。通过分析车辆和行人的流量、速度、拥堵情况等数据，可以提高交通管理的精度和实效性，实现更加高效和安全的交通运输；通过分析路网数据、车辆流量数据、交通事故数据等信息，可以提高道路规划和交通流优化的效率和准确性，从而缓解拥堵瓶颈，提高交通运输的效率和便捷性。

此外，还可以用大数据技术实现智能交通管控和管理，包括交通信号控制、车辆跟踪监控、违法行为识别等，提高交通违法处罚的准确性和实效性。通过对历史数据和实时数据的分析和比对，可以预测未来交通拥堵情况和运输需求，从而提前做出合理的交通规划和调度安排。

> 小思考：如何利用大数据分析技术提高企业的业务效率？请至少列举两个实际案例，并分析其成功的原因。

典型工作环节 4　熟悉大数据的发展趋势

大数据已成为企业数字化转型和智能发展的重要支撑。未来，会有更多企业将大数据融入战略规划和日常运营中；政府也将大力推进"数字政府"建设，利用大数据提升政府服务能力和治理效能。大数据技术将进一步成熟，分析能力和应用场景将更加丰富。人工智能和大数据的融合也将产生更多的机遇，助力政府和企业实现更高级别的智能化。大数据的发展趋势体现在以下几个方面。

1. 数据的资源化

资源化指大数据将成为企业和社会关注的重要战略资源，企业必须要提前制订大数据营销战略计划，抢占市场先机。

2. 与云计算的深度结合

大数据离不开云计算，云计算为大数据提供了弹性的基础设备。自 2013 年以来，大数据技术就开始和云计算技术紧密结合，未来二者的关系将更为密切。

3. 科学理论的突破

大数据很有可能引起新一轮的技术革命，而随之兴起的数据挖掘、机器学习和人工智能等相关技术，可能会改变数据世界中的一些算法和基础理论，实现科学理论的突破。

4. 数据科学的成立

未来，数据科学将成为一门专门的学科，被越来越多的人所熟知。各大高校将设立数据科学类专业，也会催生一批与之相关的新的就业岗位。与此同时，跨领域的数据共享平台将被建立，数据共享也将扩展到企业层面，成为未来产业的核心环节。

5. 数据泄露加剧

企业需要从新的角度来确保自身以及客户数据，所有数据在创建之初便需要获得安全保障，而并非在数据保存的最后一个环节，仅仅加强后者的安全措施已被证明收效甚微。

6. 数据管理成为核心竞争力

当"数据资产是企业核心资产"的概念深入人心后，企业对数据管理便有了更清晰的界定，将数据管理作为企业核心竞争力，持续发展、战略性规划与运用数据资产成为企业数据管理的核心。数据资产管理效率与主营业务的收入增长率、销售收入增长率显著正相关，数据资产的管理效果将直接影响企业的财务表现。

7. 数据质量是商业智能成功的关键

采用自助式商业智能（Business Intelligence，BI）工具进行大数据处理的企业将会脱颖而出。其中要面临的一个挑战是，很多数据源都带有大量低质量数据。想要成功，企业需要理解原始数据与数据分析之间的差距，从而剔除低质量数据并通过 BI 获得更佳决策。

8. 数据生态系统复合化程度加强

大数据世界不只是一个巨大的计算机网络，而是一个由大量的活动构件与多元的参与者元素所构成的生态系统，即由终端设备提供商、基础设施提供商、网络服务提供商、网络接入服务提供商、数据服务使能者、数据服务提供商、数据服务零售商等一系列的参与者共同构建的生态系统。目前，这样一套数据生态系统的雏形已然形成，接下来的发展将趋向于系统内部角色的细分，也就是市场的细分；系统机制的调整，也就是商业模式的创新；系统结构的调整，也就是竞争环境的调整，从而使数据生态系统复合化程度逐渐增强。

任务 5.2　探析大数据安全防护

任务描述

大数据时代的来临带来了无数的机遇，但是与此同时，机构或个人的隐私权也极有可能受到冲击。大数据安全一直是企业关注的问题，因为一次攻击可能会导致严重后果，而现有的隐私保护法律或政策还不能较好地解决所有问题。

任务目标

1. 了解大数据应用中面临的风险。
2. 掌握大数据安全防护的基本方法。
3. 掌握大数据安全防护的基本法规。
4. 了解企业大数据安全防护的建议。

任务实现

典型工作环节 1　了解大数据应用中面临的风险

大数据应用涉及大量的个人信息和敏感数据，这些数据如果被非法获取或泄露会带来极大的安全风险。大数据应用本身也面临被分布式拒绝服务（Distributed Denial of Service，DDoS）攻击、结构查询语言（Structure Query Language，SQL）注入攻击等技术攻击的威胁。同时，大数据分析的结果和建议也可能被恶意利用，造成一定的社会影响。所以，保障大数据的安全性和隐私性是当前大数据应用的重要课题。

电子活页 5-1

大数据应用中面临风险的案例

大数据应用中面临的主要风险有以下几点。

1. 信息泄露风险

大数据应用中通常存储了大量个人信息和敏感数据，如果这些数据被非法获取或泄露会带来严重的安全风险。任何信息泄露都可能导致个人隐私被侵犯，商业机密被盗用，甚至被用于恶意目的。

2. 技术攻击风险

大数据应用本身面临遭受 DDoS 攻击、SQL 注入攻击、XSS 攻击等技术攻击的威胁。这些攻击可以破坏大数据应用，盗取敏感数据。技术攻击的频率和技巧正不断提高，任何大数据应用都面临被攻破的风险。如果大数据应用被攻破，会导致数据被泄露、被破坏或被篡改，造成无法挽回的损失。

3. 恶意利用风险

大数据分析的结果和建议可能被恶意利用，造成社会影响和导致商业损失。例如恶意广告、欺诈行为、信息操纵等。如果大数据分析的结果被用作恶意目的，可能对社会公众产生负面影响，损害企业商誉和利润。

典型工作环节 2　掌握大数据安全防护的基本方法

大数据安全防护要"以数据为中心""以技术为支撑""以管理为手段"，聚焦数据体系和生态环境，明确数据来源、组织形态、路径管理、应用场景等，围绕大数据采集、传输、存储、应用、共享、销毁等全过程，构建由组织管理、制度规程、技术手段组成的安全防护体系，实现大数据安全防护的闭环管理。

1. 大数据采集安全

大数据采集安全指通过数据安全管理、数据类型和安全等级的划分，将相应功能嵌入后台的数据管理系统，或与其无缝对接，从而保证网络安全责任制、安全等级保护、数据分级分类管理等各类数据安全制度有效地落地实施。

2. 大数据存储及传输安全

大数据存储及传输安全指通过密码技术保障数据的机密性和完整性。在数据传输环节，建立不同安全域间的加密传输链路，也可直接对数据进行加密，以密文形式传输，保障传输过程的安全；在数据存储过程中，可采取数据加密、磁盘加密、Hadoop分布式文件系统（Hadoop Distributed File System，HDFS）加密等技术保障存储安全。

3. 大数据应用安全

除了要有防火墙、入侵监测、防病毒、防DDos、漏洞扫描等安全防护措施，还应对账号进行统一管理，加强数据安全域管理，使原始数据不离开数据安全域，可有效防范内部人员盗取数据的风险。另外，还应对手机号码、身份证号、家庭住址、年龄等敏感数据进行脱敏处理。

4. 大数据共享及销毁

在数据共享时，除了应遵循相关管理制度，还应与安全域结合起来，在满足业务需求的同时，有效管理数据共享行为。在数据销毁过程中，可通过软件或物理方式操作，保证磁盘中存储的数据永久删除、不可恢复。

典型工作环节3　掌握大数据安全防护的基本法规

大数据的安全防护是保障大数据系统运行和数据安全的重要手段。以下是大数据安全防护的基本法规。

（1）《中华人民共和国网络安全法》：该法规定了网络安全的基本要求和标准，包括网络基础设施安全、网络信息安全、个人信息保护等方面的要求，对于大数据系统的安全保护具有指导意义。

（2）《信息安全技术个人信息安全规范》：该规范明确了个人信息的保护要求，对于大数据系统中涉及的个人信息保护非常重要。该规范要求大数据系统应当采取必要的技术措施和管理措施，保护个人信息的安全。

（3）《工业和信息化领域数据安全管理办法（试行）》：该办法规定了数据安全的基本要求和标准，对大数据系统的数据存储、处理和传输等环节的安全保护提出了要求。

在进行大数据系统的安全防护时，需要遵守上述法规，并根据实际情况采取必要的技术措施和管理措施，包括数据加密、访问控制、安全审计、风险评估等措施，确保大数据系统的安全运行。此外，还需要加强对系统和数据的监管和管理，建立健全的安全管理制度，提高安全意识和应急处置能力，确保大数据系统的安全和稳定。

典型工作环节4　了解企业大数据安全防护的建议

随着大数据在企业数字化转型的逐步应用，大数据安全问题已成为企业必须面对的重点问题。企业要站在战略角度高度关注大数据安全，提高风险防范能力，从组织机构、管理措施、技术措施等方面做好安全防护工作。

1. 建立安全组织机构，明确安全管理要求

企业可在传统的信息化管理部门之外，设置专门的大数据管理团队及岗位，负责落实数据安全管理工作，自上而下地建立起从各个领导层面至基层员工的管理组织架构，明确岗位职责和工作规程，编制大数据安全防护工作计划和预算，保证大数据安全管理方针、策略、制度的统一制定和有效实施。

2.制定安全管理措施，提升数据管控能力

结合数据全生命周期的安全管理要求，企业应优化完善网络机房管理、数据交换管理、数据中心管理、数据应用管理等规定，优化元数据标准、数据交换标准、数据加密标准等规范，完善大数据安全防护管理制度及相关规定，通过制度建设为数据安全管理工作提供办事规程和行动准则，提升数据全过程管控能力。

3.着力加强技术防护，提高安全应急能力

企业应围绕数据全生命周期，结合实际开展数据加密、区块链、人工智能、可信计算等技术在数据安全防护中的应用，开展态势感知、行为监控、安全审计等平台建设，加强反侦察、反窃听、防破坏等技术防护工作，为落实数据安全制度规程、实现大数据安全防护的总体目标提供技术支持。

> 小思考：在大数据时代，数据安全问题变得尤为重要，企业应该采取哪些措施来保护自己的数据安全？

任务 5.3　熟悉大数据的相关技术

任务描述

今天，各种大数据工具和技术如 Hadoop、Spark、NoSQL 等不断涌现，为企业提供了更多的选择。不仅如此，大数据分析也被越来越多的企业采用，以支持数据驱动的决策和提高业务效率。例如，通过对客户行为的大数据分析，一些网络安全公司可以更好地了解客户需求，提供更精准的客户服务。

大数据相关技术是一系列为解决大规模数据处理和管理问题而涌现的技术，包括体系架构和数据分析两方面。在体系架构方面，包括分布式文件系统、分布式计算框架、数据库技术等；在数据分析方面，包括机器学习技术等。这些技术可以帮助人们更高效地管理和处理大数据集合，并从中获取有价值的信息，从而支持各种实际应用，如智慧城市、物联网、金融风险控制等。

任务目标

1.了解数据分析与挖掘。
2.熟悉大数据体系架构。

> 小思考：请谈谈你认为大数据技术在未来发展中可能面临的一些安全和隐私问题，并提出你的看法和建议。

任务实现

典型工作环节 1　了解数据分析与挖掘

1.数据分析和数据挖掘的概念

数据分析和数据挖掘的目的是通过对数据进行深入研究来发现新的见解、识别趋势、提高效率和减少成本。它们在许多领域都有广泛的应用，如营销、金融、医疗、零售等领域。

笔 记

电子活页 5-2

数据分析方法

笔 记

　　数据分析指用适当的统计分析方法对收集来的大量数据进行分析，提取有用的信息并形成结论，从而对数据加以详细研究和概括总结的过程。这一过程也是质量管理体系的支持过程。在使用中，数据分析可帮助人们做出判断，以便采取适当的行动。数据分析的数学基础在 20 世纪早期就已确立，但直到计算机的出现才使实际操作成为可能，并使数据分析得以推广。数据分析是数学与计算机科学相结合的产物。

　　数据挖掘一般指从大量的数据中通过算法搜索隐藏于其中的信息的过程。数据挖掘通常与计算机科学有关，并通过统计、在线分析处理、情报检索、机器学习、专家系统（依靠过去的经验法则）和模式识别等诸多方法来实现上述目标。

　　数据分析和数据挖掘都是从数据库中发现知识，但它们有所不同。数据分析主要通过统计、计算、抽样等相关的方法来获取基于数据库的数据表象的知识。数据挖掘则主要通过机器学习或者通过数学算法等相关的方法获取深层次的知识（如属性之间的规律性，或者是预测）。简单来说，数据分析是把数据变成信息的工具，而数据挖掘是把信息变成认知的工具，可以将数据分析得出的信息转换为有效的预测和决策。

　　2. 数据分析的优势

　　数据分析的优势有以下几点。

　　（1）可以对不同来源、格式和类型的大量数据进行快速分析。

　　（2）能够快速做出优质的决策以便企业更有效地制定战略，改进战略决策，例如供应链和运营。

　　（3）在有效优化业务流程的帮助下，可以节省成本。

　　（4）能更深入地了解客户需求、行为和情绪，这会对营销洞察产生积极影响，并为产品的进一步开发提供广泛的信息。

　　（5）能更有效地实施从大量数据样本中提取的风险管理策略。

　　3. 数据分析的工作流程

　　数据分析主要利用了 4 个关键工作流程——收集数据、处理数据、清理数据和分析数据。

　　（1）收集数据

　　移动记录、客户反馈表、从客户那里收到的邮件、调查报告、社交平台和移动应用程序是数据分析师可以收集特定信息的来源。但非结构化数据或半结构化数据通常很混乱，如果不使用特定工具，就无法读取这些信息。

　　（2）处理数据

　　在收集数据之后，将数据存储在数据池或数据仓库中，并允许数据分析师组织、配置和分组大数据，以便为每个请求绘制清晰的图表，这会使最终结果更加准确。

　　（3）清理数据

　　为确保处理过的数据是完整和可行的，必须清除重复数据、不真实的数据、系统错误数据和其他类型的偏差数据，以便在之后获得更准确的结果。

　　（4）分析数据

　　分析数据是最后一个步骤，可以分析经过收集、处理和清理的原始数据，并提取有用的信息。

典型工作环节 2　熟悉大数据体系架构

　　大数据体系架构用于处理对传统数据库系统而言太大或太复杂的数据的引入、处理和分析。对某些组织来说，大数据可能意味着数百个 GB 的数据；而对另一些组织来说，大数据则意味着数百个 TB 的数据。随着处理大数据集的工具的发展，大数据的含义也在不断地变化。慢慢地，这个术语更多的指通过高级分析从数据集中获取的价值，而不是严格地指数据的大小，虽然这种情况下的数据往往是很大的。

　　多年来，数据格局一直在变。数据的功能和预期功能也一直在变。存储成本在大幅下降，而数据的收集手段则在增多。一些数据会瞬间出现，需要不断地进行收集和观察；另一些数据出现速度较慢，但却是很大型的区块，通常是以数十年的历史数据的形式出现的。这些都是大数据体系架构寻求解决的难题。

　　1. Hadoop 体系架构

　　Hadoop 是 Apache 软件基金会旗下的一个开源分布式计算平台，如图 5-1 所示。Hadoop 为用户提供了系统底层细节、透明的分布式基础架构。Hadoop 是基于 Java 开发的，具有很好的跨平台特性，并且可以部署在价格较低的计算机集群中。Hadoop 的核心是 HDFS 和 MapReduce。HDFS 是针对谷歌文件系统（Google File System，GFS）的开源实现，是面向普通硬件环境的分布式文件系统，具有较高的读写速度、很好的容错性和可伸缩性，支持大规模数据的分布式存储，其冗余数据存储方式很好地保证了数据的安全性。MapReduce 是针对谷歌 MapReduce 的开源实现，允许用户在不了解分布式文件系统底层细节的情况下开发并行应用程序，采用 MapReduce 来整合分布式文件系统上的数据，可保证分析和处理数据的高效性。借助于 Hadoop，程序员可以轻松地编写分布式并行应用程序，并将其运行于廉价的计算机集群上，完成海量数据的存储与计算。

电子活页 5-3

Hadoop 的特点及生态体系

图 5-1
Hadoop

　　2. Lambda 体系架构

　　Lambda 体系架构是为了在处理大数据时，同时发挥流处理和批处理的优势。通过批处理提供全面、准确的处理；通过流处理提供低延迟的数据，从而达到平衡延迟、吞吐量和容错性的目的。

　　3. Kappa 体系架构

　　Lambda 体系架构虽然满足了实时的需求，但带来了更多的开发与运维工作，原因是流处理引擎还不完善，流处理的结果只作为临时的、近似的值提供参考。后来随着 Flink 等流处理引擎的出现，流处理技术成熟了，这时为了解决两套代码的问题，LinkedIn 公司的杰伊·克雷普斯（Jay Kreps）提出了 Kappa 体系架构。

电子活页 5-4

Lambda 体系架构

电子活页 5-5

Kappa 体系架构

笔 记

4. Unifield 体系架构

以上 3 种体系架构都以海量数据处理为主，Unifield 体系架构则将机器学习和数据处理揉为一体。从核心上来说，Unifield 体系架构仍以 Lambda 体系架构为主，不过对其进行了改造，在流处理层新增了机器学习层。

电子活页 5-6

Unifield 体系架构

任务 5.4　了解大数据可视化

任务描述

大数据可视化是一种使用图形化方式来呈现大规模数据集合的信息和趋势的技术。通过大数据可视化，用户可以更加直观地理解和分析海量的数据，挖掘数据背后的规律和趋势，并从中获取有价值的信息和洞察力。大数据可视化的特点包括对海量数据的处理能力、对多维数据的支持、对实时数据的处理能力、对用户交互的支持，以及对多种图表类型的支持。大数据可视化已经被广泛应用于金融、医疗、智慧城市等领域，帮助用户更好地理解和管理大数据。

任务目标

1. 了解大数据可视化工具。
2. 熟悉大数据可视化工具的使用方法。

任务实现

典型工作环节 1　熟悉数据可视化工具 Tableau 的使用方法

简单来说，Tableau 是一款可以帮助人们快速分析、可视化并分享数据信息的工具，如图 5-2 所示。Tableau 将数据运算和图表展示完美结合起来，不需要编码基础，非常容易上手，通过简单的拖曳制作精美的图表，因此这款工具深受数据分析师和商业分析师的青睐。

图 5-2
Tableau

1. 支持多种类型数据

Tableau 支持连接到存储在各个地方的各种数据，可以存储在计算机上的电子表格或文本文件中，或存储在企业内服务器上的大数据、关系或多维（多

笔记

维度）数据库中，也可以连接到 Web 上提供的公共域数据或连接到云数据库源，如 Google Analytics、Amazon Redshift 或 Salesforce，如图 5-3 所示。

连接	搜索	
到文件	Actian Matrix	Microsoft SQL Server
Microsoft Excel	Actian Vector	MonetDB
文本文件	Amazon Athena	MongoDB BI 连接器
JSON 文件	Amazon Aurora	MySQL
Microsoft Access	Amazon EMR	OData
PDF 文件	Amazon Redshift	OneDrive
空间文件	Anaplan	Oracle
统计文件	Apache Drill	Oracle Eloqua
	Aster Database	Oracle Essbase
到服务器	Box	Pivotal Greenplum Database
Microsoft SQL Server	Cisco Information Server	PostgreSQL
Oracle	Cloudera Hadoop	Presto
Amazon Redshift	Denodo	Progress OpenEdge
MySQL	Dropbox	QuickBooks Online
更多…	EXASOL	Salesforce
	Firebird	SAP HANA
已保存数据源	Google Analytics	SAP NetWeaver Business Warehouse
Sample - Superstore	Google BigQuery	SAP Sybase ASE
世界发展指标	Google Cloud SQL	SAP Sybase IQ
示例 - 超市	Google 表格	ServiceNow ITSM
	Hortonworks Hadoop Hive	SharePoint 列表
	HP Vertica	Snowflake
	IBM BigInsights	Spark SQL
	IBM DB2	Splunk
	IBM PDA (Netezza)	Teradata
	Kognitio	Teradata OLAP Connector
	MapR Hadoop Hive	Web 数据连接器
	Marketo	
	MarkLogic	其他数据库 (ODBC)
	MemSQL	
	Microsoft Analysis Services	
	Microsoft PowerPivot	

图 5-3
支持多种类型
数据

2. 连接方式

Tableau 支持实时连接和数据提取，如图 5-4 所示。实时连接会让系统每次打开视图都去服务器捞取数据，适合数据量小即查询速度快的数据源；而数据提取是将数据拉取到本地或 Tableau 服务器中，这样每次打开视图就会从本地或者 Tableau 服务器中去捞取数据，对原始的数据服务器不会产生压力。

连接
◉ 实时　　○ 数据提取

图 5-4
支持实时连接和数
据提取

3. 交互式仪表板

Tableau 通过拖曳和拖放的方式，快速建立交互式仪表板（见图 5-5），并以图表、地图、故事等形式呈现数据，用户可以通过对数据的筛选、分组、排序等操作，实时地获得对数据的洞察。

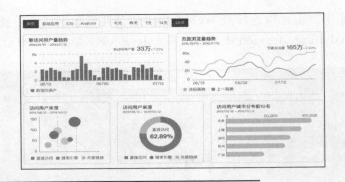

图 5-5
交互式仪表板

典型工作环节 2　熟悉数据可视化工具 Power BI 的使用方法

Power BI 是由微软公司开发的商业数据可视化工具，它可以从多种来源（如 Excel、SQL Server、Oracle、Salesforce 等）中收集、转换和可视化数据，帮助用户快速创建交互式的数据仪表板和报告，如图 5-6 所示。Power BI 拥有丰富的数据可视化选项，包括图表、表格、地图等，还支持自定义计算和指标的创建。此外，Power BI 可以与其他微软公司的产品和服务（如 Excel、SharePoint、Teams 等）无缝集成，从而方便用户在不同平台上共享和访问数据分析结果。Power BI 有两个版本，分别是 Power BI Desktop 和 Power BI 服务。其中，Power BI Desktop 是用于本地开发和设计数据模型的桌面应用程序，而 Power BI 服务是一个云端应用程序，可用于共享和协作。

图 5-6
Power BI

1. Power BI Desktop

Power BI Desktop 是一款可在本地计算机上安装的免费应用程序，可用于连接数据、转换数据并实现数据的可视化效果。使用 Power BI Desktop，用户可以连接许多不同的数据源，并将其合并（通常称为建模）到数据模型中，如图 5-7 所示。通过该数据模型，可生成视觉对象，以及可作为报表与组织内其他人共享的视觉对象集合。

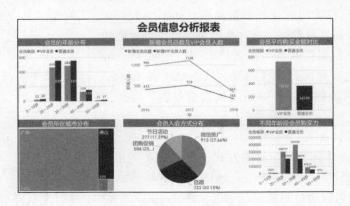

图 5-7
Power BI Desktop

2. Power BI 服务

Power BI 服务是一个包含软件服务、应用和连接器的集合，它们相辅相成，帮助业务以最有效的方式来创建、共享和使用业务见解。Power BI 服务有时被称为 Power BI Online，它是 Power BI 的服务型软件部分。Power BI 服务中的仪表板可帮助企业对经营状况了如指掌。仪表板会显示磁贴，可以选择这些磁贴来打开报表以进一步了解详细信息。仪表板和报表会连接到数据集，后者将所有相关数据汇集在一处。

3. 比较 Power BI Desktop 和 Power BI 服务

Power BI Desktop 是一个应用程序，可以在本地计算机上免费下载并安装。Power BI Desktop 是一个完整的数据分析和报表创建工具，用于连接、转换、可视化和分析数据。它包括查询编辑器，可以在其中连接许多不同的数据源，并将其合并到数据模型中，然后根据该数据模型设计报表。可以直接与其他人共享报表，也可以将报表发布到 Power BI 服务中进行共享。共享报表需要 Power BI Pro 许可证。

Power BI 服务是基于云的服务，或软件即服务。它支持团队和组织的报表编辑和协作。也可以连接到 Power BI 服务中的数据源，但不可以建模。Power BI 服务用于创建仪表板、创建和共享应用、分析和浏览数据以发现业务见解等。许可证决定了可在 Power BI 服务中执行的操作。

图 5-8 所示的维恩图为 Power BI Desktop 和 Power BI 服务的比较。中间是它们重叠的一些区域，表示在 Power BI Desktop 或 Power BI 服务中都可以执行这些任务。维恩图两边的区域显示了 Power BI Desktop 与 Power BI 服务特有的功能。

图 5-8
Power BI Desktop 和 Power BI 服务的比较

> 小思考：大数据可视化在不同领域中的应用场景有哪些？请列举并解释其中一种场景的应用。

任务 5.5　搭建大数据环境

任务描述

Hadoop 是一个开源的、分布式的数据处理框架，旨在解决海量数据的存储和处理问题，它最初由 Apache 软件基金会开发。

Hadoop 包括两个核心组件：HDFS 和 MapReduce。HDFS 是一个分布式文件系统，

笔记

能够存储海量数据，并在不同的计算机节点之间进行数据分发和备份；MapReduce 则是一种分布式数据处理模型，能够对海量数据进行分布式计算。Hadoop 支持 Java、Python、Scala 等多种编程语言，同时提供了众多工具和生态系统，包括 Hive、Pig、Spark 等，使数据处理和分析更加高效和灵活。

任务目标

1. 了解 Hadoop 的安装部署模式。
2. 掌握 Hadoop 伪分布式系统的设置与伪分布式集群测试。

小思考：Hadoop 为什么能够成为主流的分布式数据处理平台之一？它有哪些优势和特点？

任务实现

典型工作环节 1　了解 Hadoop 的安装部署模式

目前来说，Hadoop 的安装部署模式一共有 3 种：单机模式、伪分布模式、全分布模式。考虑到硬件条件的限制，本任务安装伪分布模式并将 NameNode、DataNode 和 SecondaryNameNode 配置到同一节点。

1. 单机模式

单机模式所需要的系统资源是最少的，也是默认的安装部署模式。在这种安装部署模式下，Hadoop 的 core-site.xml、mapred-site.xml、hdfs-site.xml 配置文件均为空。当配置文件为空时，Hadoop 完全运行在本地，不与其他节点交互，也不使用 Hadoop 文件系统，不加载任何守护进程。该模式主要用于开发调试 MapReduce 应用程序的逻辑，不与任何守护进程交互进而避免复杂性。

2. 伪分布模式

伪分布模式也就是单节点集成模式，其所有守护进程都运行在同一台机器（如 NameNode、DataNode、NodeManager、ResourceManger 和 SecondaryNameNode 等）上。NameNode 是整个文件系统的管理节点，它维护着整个文件系统的文件目录树、文件 / 目录的元信息和每个文件对应的数据块列表，以及接收用户的操作请求。DataNode 以块的形式存储数据，默认为 128MB，提供真实文件数据的存储服务。伪分布模式增加了代码的调试功能，可查看内存情况、HDFS 的输入和输出，以及其他守护进程之间的交互。

3. 全分布模式

全分布模式是比单机模式与伪分布模式更加复杂的模式，利用多台 Linux 主机来部署 Hadoop，对集群进行规划，使 Hadoop 各个模块分别部署在不同的多台机器上。

典型工作环节 2　掌握 Hadoop 伪分布式系统的设置与伪分布式集群测试

1. 伪分布式系统的设置

（1）基础环境的配置

伪分布式环境是在一台服务器上模拟 Hadoop 集群工作的一种模式。这里在 master 节点进行伪分布式系统的配置。基础配置包括安装 Java，安装 Hadoop，配置 Java、Hadoop 的环境变量，修改 Hadoop 配置文件，设置 SSH 免密码登录等，在前面的操作中已经完成，下面直接进行伪分布式系统的配置。

电子活页 5-7

Hadoop 搭建前的
环境准备

（2）进入 Hadoop 配置文件目录

```
[hadoop@master software]$ cd /usr/local/src/hadoop-2.7.1/etc/hadoop/
```

（3）修改 core-site.xml 配置文件

fs.defaultFS 设置的是 HDFS 的地址，设置其运行在本地的 9000 端口上。

```
[hadoop@master hadoop]$ vim core-site.xml
<configuration>
    <property>
        <name>fs.defaultFS</name>
        <value>hdfs://master:9000</value>
    </property>
</configuration>
```

（4）修改 hdfs-site.xml 配置文件

dfs.replication 设置的是 HDFS 存储的临时备份数量，因为伪分布模式中只有一个节点，所以设置为 1。

```
[hadoop@master hadoop]$ vim hdfs-site.xml
<configuration>
<property>
        <name>dfs.replication</name>
        <value>1</value>
 </property>
</configuration>
```

（5）修改 hadoop-env.sh 配置文件

将原本的 JAVA_HOME 替换为绝对路径。

```
[hadoop@master hadoop]$ vim hadoop-env.sh
# The java implementation to use.
export JAVA_HOME=/usr/local/src/jdk1.8.0_231
```

（6）格式化 NameNode

格式化是对 HDFS 中的 DataNode 进行分块，统计所有分块后的初始元数据，并将其存储在 NameNode 中。

```
[hadoop@master hadoop]$ hdfs namenode -format
```

（7）启动 HDFS

```
[hadoop@master hadoop]$ start-dfs.sh
```

（8）使用 jps 命令监视进程运行状态

```
[hadoop@master hadoop]$ jps
18691 DataNode
18548 NameNode
18842 SecondaryNameNode
18991 Jps
```

（9）使用浏览器查询节点状态

图 5-9 所示为使用浏览器查询节点状态。

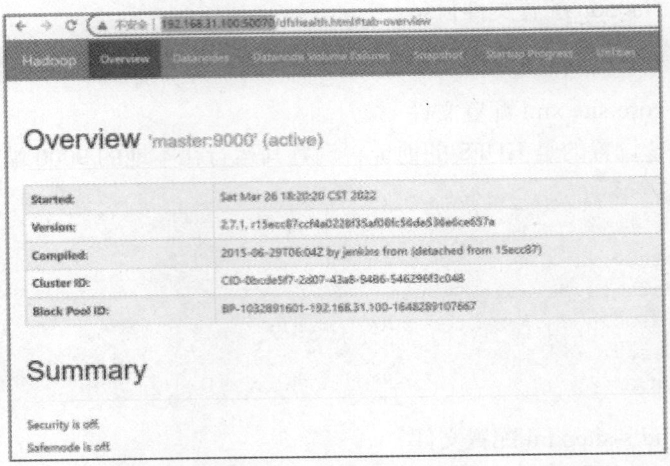

图 5-9
使用浏览器查询
节点状态

2. 伪分布式集群测试

（1）在集群上创建目录 /wcinput

```
[hadoop@master hadoop]$ hdfs dfs -mkdir /wcinput
```

（2）通过命令查看结果

```
[hadoop@master hadoop]$ hdfs dfs -ls /
Found 1 items
drwxr-xr-x   - hadoop supergroup          0 2022-09-01 08:37 /wcinput
```

（3）向集群目录 /wcinput 中上传一个文件

创建一个本地 data.txt 文件并上传至集群目录 /wcinput 中。

```
[hadoop@master hadoop]$ vim data.txt
hello word
hello hadoop
[hadoop@master hadoop]$ hdfs dfs -put data.txt /wcinput
```

（4）查看上传集群目录后的结果

```
[hadoop@master hadoop]$ hdfs dfs -ls /wcinput
Found 1 items
-rw-r--r--   1 hadoop supergroup         24 2022-09-01 08:39 /wcinput/data.txt
```

（5）执行 wordcount 程序并查看运行结果

```
[hadoop@master hadoop]$ cd /usr/local/src/hadoop-2.7.1/
[hadoop@master hadoop-2.7.1]$ hadoop jar share/hadoop/mapreduce/hadoop-
mapreduce-examples-2.7.1.jar wordcount /wcinput /wcoutput
[hadoop@master hadoop-2.7.1]$ hdfs dfs -get /wcoutput/part-r-00000 ~/
[hadoop@master hadoop-2.7.1]$ cd ~
[hadoop@master ~]$ cat part-r-00000
hadoop    1
hello    2
word    1
```

任务 5.6　练习

笔记

1. 选择题

（1）下列（　　　）不是大数据的 4V 特性。

A. Velocity（高速）　　　　　　　B. Volume（大量）

C. Veracity（准确）　　　　　　　D. Value（价值）

（2）下列（　　　）是大数据的核心特性。

A. 规模性　　　　B. 多样性　　　　C. 高速性　　　　　　　D. 价值性

（3）下列（　　　）不属于 Hadoop 的安装部署模式。

A. 单机模式　　　　　　　　　　B. 伪分布模式

C. 全分布模式　　　　　　　　　D. 互联模式

（4）下列关于 MapReduce 说法不正确的是（　　　）。

A. MapReduce 是一种计算框架

B. MapReduce 程序只能由 Java 编写

C. MapReduce 来源于 Google 的学术论文

D. MapReduce 隐藏了并行计算的细节

（5）HBase 依赖（　　　）提供计算能力。

A. ZooKeeper　　　　B. MapReduce　　　　C. RPC　　　　D. Chubby

2. 填空题

（1）Hadoop 的安装部署模式一共有 3 种，分别是（　　　　　）、（　　　　　）和（　　　　　）。

（2）DataNode 以块的形式存储数据，默认为（　　　　）MB。

（3）格式化 NameNode 的命令是（　　　　　　）。

（4）配置 Hadoop 时，JAVA_HOME 包含在（　　　　　）配置文件中。

3. 实训题

搭建一个 Hadoop 伪分布式环境。

【实训目的】

学会 Hadoop 伪分布式环境的搭建与应用。

【实训内容】

（1）Hadoop 环境的搭建。

（2）Hadoop 伪分布式环境的搭建与应用。

学习单元6　人工智能基础

学习目标

【知识目标】

1. 识记：人工智能的定义、基本特征、发展历程和社会价值。
2. 领会：人工智能的常用平台、框架、工具和人工智能应用开发的基本流程。

【能力目标】

1. 能够利用已开发好的人工智能应用系统解决实际问题。
2. 能够利用人工智能核心技术和算法进行简单的应用开发。
3. 能够辨别人工智能在社会应用中面临的伦理、道德和法律问题。

【素质目标】

1. 能够通过对人工智能相关基础知识的学习，拓宽视野，熟悉技术发展现状和趋势，增强人文科学素养，更好地规划未来的学习和职业生涯。
2. 能够通过尝试使用现成的人工智能应用系统解决实际问题，以及通过简单的人工智能项目的开发练习，提高自学能力、团队合作能力和实践操作水平。

单元导读

如今，人工智能已经不再局限于计算机科学领域，它已经渗透到社会生活的方方面面并引发广泛讨论。

得益于计算机硬件性能的不断进步和算法的持续改进，人工智能行业在图像识别、机器翻译、棋类博弈、语音语义处理等多个领域取得了长足进步，人工智能是能够引领未来的关键技术，可能在较短时期内在很多领域产生颠覆性的创新和改变，为跟上技术发展的步伐，我们有必要学习人工智能相关知识，掌握人工智能相关技能。

为了在较短的篇幅内让初学者对人工智能有一定了解，并掌握一些基础技能，本单元制订了如下任务。

1. 初识人工智能。
2. 探索人工智能核心技术。
3. 应用和开发人工智能项目。

任务 6.1　初识人工智能

笔 记

任务描述

作为新时代的大学生，学习人工智能相关知识和技术很重要。现在，人工智能相关体系已经非常庞杂，作为初学者，如果直接学习具体技术，容易迷失在细节中"理不出头绪"。因此，在正式学习之前应该先对人工智能有清晰的认识，了解人工智能的基本概念、研究范围、技术特征和发展趋势等，为后续的技能掌握奠定基础。

任务目标

1. 了解人工智能的定义。
2. 熟悉人工智能的发展历程。
3. 了解人工智能的研究内容、典型应用和发展趋势。

电子活页 6-1

人工智能的
三大流派

任务实现

典型工作环节 1　了解人工智能的定义

目前，人工智能并没有公认的精确定义，这里给出一个粗略的定义：人工智能是研究、开发用于模拟、延伸和扩展人的智能的理论、方法、技术及应用系统的一门新的技术科学。

可以说，人工智能就是研究如何使机器具有人类智能的科学，所以原则上说，需要先明白人类智能的本质才有可能创造出真正的人工智能。对于人类智能，可以认为包含从感知、记忆到思维的"智力"和从语言到行为的"能力"两部分，合称"智能"。随着哲学、生物学、脑科学、心理学和计算机科学等各种相关学科的发展，人类对自身智能的理解已经越来越深入，人工智能的能力有望获得持续提升。

人工智能根据功能强弱常被分为弱人工智能（Weak AI）、强人工智能（Strong AI）和超人工智能（Super AI）3 种。弱人工智能是指专攻某个特定领域的人工智能，如语音助手 Siri、围棋对弈程序 AlphaGo 等；强人工智能有时也被称为通用人工智能（Artifical General Intelligence，AGI）或完全人工智能（Full AI），指可以胜任人类所有工作的人工智能；超人工智能指假想的通过不断发展，远超人类智力水平的人工智能。

现有的人工智能都属于弱人工智能，强人工智能和超人工智能还不存在。其实现有的弱人工智能在很多地方并不弱，在运算速度和很多具体事务上的准确度等指标上已经超过了人类，所以已经到了需要考虑人工智能对人类社会已有或潜在影响的地步。例如，人工智能的发展不可避免会在未来淘汰一些低技术工作岗位，受影响的人员需要考虑专业选择和职业转型；人工智能可能被用于伪造音频、图像和视频，这对道德约束和法律应用都提出了新的要求；人工智能在文字、绘画、音乐等创作领域的应用，对现有的知识产权法律体系也提出了一定挑战。这些都是值得认真思考且提前做好准备的问题。

典型工作环节 2　熟悉人工智能的发展历程

下面来一起回顾一下人工智能的发展历程。人工智能的发展几经起伏，大致可分为初创时期、第一次繁荣时期、第一次低谷时期、第二次繁荣时期、第二次低谷时期、复苏时期和爆发增长时期。

1. 初创时期（1936—1956 年）

人工智能一般公认始于 20 世纪 30 ~ 50 年代，在这期间一系列相关科学技术成果促进了人工智能学科的诞生，其中比较重要的有图灵在 1936 年提出通用图灵机的概念，这是现代电子计算机的思想原型；数学家冯·诺依曼（von Neumann）受图灵的启发设计了现代可编程电子计算机架构；1943 年美国心理学家沃伦·麦卡洛克（Warren McCulloch）和数学家沃尔特·皮茨（Walter Pitts）合作提出了第一个人工神经元模型；1956 年美国科学家约翰·麦卡锡（John McCarthy）组织了一批对"机器是否会产生思维"感兴趣的数学家、信息学家、心理学家、神经生理学家和计算机科学家，在美国达特茅斯学院开了长达两个月的研究会，麦卡锡在会上首次提出了"人工智能"这个概念，开启了人工智能的发展。

2. 第一次繁荣时期（1956—1969 年）

人工智能诞生之后几十年的发展大致有两条路线：一是企图从结构的角度模拟人类智能，即利用人工神经网络模拟人脑神经网络以实现人工智能，由此发展出了联结主义学派；二是从功能的角度模拟人类智能，将智能看作大脑对各种符号进行的处理，由此发展出了符号主义学派。

人工智能的第一次繁荣时期的主要成果是由符号主义学派取得的，而联结主义学派提出的早期神经网络模型感知机因能力不佳被认为没有前途。人工智能研究者在机器翻译、机器定理证明、机器博弈等领域取得了显著成果。1956 年，阿瑟·萨缪尔（Arthur Samuel）编写了一个西洋跳棋程序，1962 年该程序击败了美国的西洋跳棋州冠军。在这一时期，很多研究人员对人工智能的发展过度乐观，甚至有人预测 20 年内即可创造出完全模拟人类智能的机器。

3. 第一次低谷时期（1970—1982 年）

在 20 世纪 70 年代，因为理论不够成熟和早期计算机性能的限制，人工智能的发展不符合预期，遭到了激烈的批评和政府预算的限制。

4. 第二次繁荣时期（1982—1987 年）

经过一段低谷时期后，人工智能的发展在 20 世纪 80 年代迎来了第二次繁荣时期，一方面是研究者对基于符号主义的机器架构进行了重大修订，研制了名为"专家系统"的人工智能产品，机器的计算、预测和识别等能力获得了较大提升；另一方面，联结主义也突破了早期感知机的缺陷，提出了多层人工神经网络模型，人工神经网络进入快速发展阶段。

5. 第二次低谷时期（1987—1997 年）

由于专家系统对当时的计算机能力而言过于复杂，性能非常有限，使一度充满活力的市场突然大幅崩溃，人工智能的发展进入了第二次低谷时期。在此期间，符号主义人工智能派别衰落，很多研究者重新审视与发展人工神经网络，并取得很大进步，为后面人工智能的复苏和爆发奠定了基础。

6. 复苏时期（1997—2010 年）

1997 年，IBM 公司研发的"深蓝"（Deep Blue）战胜了卡斯帕罗夫（Kasparov）。"深蓝"综合了知识表示、符号处理、搜索算法和机器学习等多种人工智能技术，成为第一台在多局国际象棋比赛中战胜人类世界冠军的计算机。

2006 年，加拿大多伦多大学教授杰弗里·辛顿（Geoffrey Hinton）联合他的两个学生发表了一篇具有突破性的论文"深度置信网的快速学习算法"（A Fast Learning Algorithm for Deep Belief Nets），开创了深度神经网络和深度学习的历史，引爆了未来的技术和商业革命。

在此期间，计算机性能与互联网技术快速发展和普及，也促进了人工智能的发展。

7. 爆发增长时期（2010 年至今）

从 2010 年开始，由于计算机软硬件技术的进步和互联网大数据的到来，引发了一场人工智能技术"大爆炸"，新一代高性能人工智能产品不断推出。

2010 年，美国斯坦福大学教授李飞飞创建了一个名为 ImageNet 的大型数据库，其中包含数百万个打好标签的图像，吸引了全世界的程序员参加对 ImageNet 数据库中的图像进行分类检测的挑战赛，如图 6-1 所示。2015 年，微软亚洲研究院何恺明等人使用基于深度卷积神经网络（Convolutional Neural Networks，CNN）技术开发的一个 152 层的残差网络（Residual Network）参加 ImageNet 图像分类竞赛，取得了整体错误 3.57% 的成绩，首次超过平均 5% 错误率的人类水平。

图 6-1
ImageNet
挑战赛

2016 年，美国谷歌公司旗下的 DeepMind 公司开发了集成搜索、人工神经网络和强化学习等多种人工智能新技术的围棋对弈程序 AlphaGo，以 4：1 的成绩首次战胜了当时围棋世界冠军李世石，2017 年，AlphaGo 又以 3：0 的成绩战胜了当时等级分第一的棋手柯洁，如图 6-2 所示。AlphaGo 在长期被认为机器很难攻克的围棋博弈领域获得突破性进展，成为人工智能发展史上的一个里程碑。

图 6-2
AlphaGo 和人类
棋手对弈

笔 记

随着人工智能技术的不断发展，世界各国 IT 大型企业和众多初创科技公司也纷纷加入人工智能新产品的研发。2020 年，OpenAI 公司推出了大型自然语言处理（Natural Language Processing，NLP）预训练模型 GPT-3，2022 年又推出后续版本 ChatGPT，如图 6-3 所示。ChatGPT 能够以前所未有的质量完成对话聊天，甚至可以帮助人类进行诸如程序代码生成和修改、文献翻译、小说和商业文案创作、作业评价等文本创造性任务，有望使未来人类工作效率获得极大提高。

图 6-3
ChatGPT 人机对话

小思考：请根据人工智能的发展历史和现状，畅想一下人工智能在未来的发展前景，如人工智能是否会大幅提升工作效率，提高人类生活质量等。

典型工作环节 3　了解人工智能的研究内容、典型应用和发展趋势

1. 人工智能的研究内容

现在，人工智能一般被认作计算机科学的一个分支，但它同时也是一个涉及哲学、语言学、心理学、脑科学等多个学科的交叉学科，并且是正在不断高速发展的新兴学科。所以人工智能涉及的研究内容非常广泛，从模拟人类的角度可以分为感知智能、认知智能、行为智能、群体智能和类脑智能等，具体包括问题求解、逻辑推理和定理证明、人工神经网络、自然计算、机器学习、自然语言处理、多智能体、决策支持系统、知识图谱、数据挖掘、计算机视觉、模式识别、机器人技术、人机交互、人机融合、类脑计算等。

除了上述理工科研究内容，人工智能还可以与各种社会科学，如法学、管理学、伦理学等学科交叉，衍生出新的研究内容，如人工智能法学、人工智能伦理学、人工智能管理学等。

机器学习是目前人工智能较为成功也是较热门的研究领域，也是初学者在学习人工智能技术时的主要学习内容。

2. 人工智能的典型应用

目前人工智能应用较多的两个方向是机器视觉和自然语言处理，具体包括以下领域。

（1）图像检索

从早期的安防监控，到如今广泛应用的人脸识别，都是图像检索技术的应用，特别是人脸识别技术，已广泛应用于金融、司法、公安、边检、电力、教育、医疗等多个领域。随着人工智能的发展，基于人工智能深度学习的图像检索技术水平也逐渐提高，用户可利用图像匹配或搜索找到相同或相似的目标物。

（2）语音识别

语音识别技术使计算机可以听懂人类的语言，并执行人类指定的某项操作。现阶段，这项技术已经成为人工智能领域的重点研究方向和实现人机语音交互的关键技术。当前已经有了比较成熟的语音识别技术，如声纹识别程序、智能扬声器等。

（3）机器翻译

机器翻译是计算语言学的分支，其功能是利用计算机将一种自然语言转换为另一种自然语言。现在机器翻译使用的技术主要是神经机器翻译（Neural Machine Translation）技术，其翻译水平还不能完全替代人类，但相比 10 年前已经有了质的进步，可以在很多场合起到辅助作用。

（4）个性化推荐

个性化推荐的主要实现原理是基于协同过滤技术。推荐系统通过大量的数据挖掘，分析用户的历史行为建立推荐模型，主动向用户提供符合他们需求和兴趣的信息。个性化推荐技术目前已经广泛应用于各网站和移动应用。

（5）智能呼叫机器人

智能呼叫机器人在生活中也越来越常见，它是利用机器去模拟人类呼叫行为的人工智能产品，能实现语音识别和自然语义理解，具有业务推理、语言应答等能力。当用户访问网站并发布会话时，智能呼叫机器人会根据系统获得的访问者地理地址、IP地址和访问路径等，快速分析用户的意图，回答用户的真正需求。同时，智能呼叫机器人拥有大量的行业背景知识库，可以标准回答用户咨询的常规问题，提高回答精度。

（6）无人自动驾驶

无人自动驾驶是当前人工智能研究的重点方向，国内外很多汽车公司都投入研究无人自动驾驶技术，并取得了一些阶段性的成果。不过，由于无人自动驾驶技术难度较高，短期内还无法实现真正的、全功能的无人自动驾驶。

3. 人工智能的发展趋势

（1）政策趋势

2016 年以后，新一代人工智能技术引起了人们的关注，各国政府纷纷出台政策，进行顶层设计，在规划、研发、产业化等多方面提前布局。

2017 年，国务院发布了《新一代人工智能发展规划》，提出了面向 2030 年我国新一代人工智能发展的指导思想、战略目标、重点任务和保障措施，目标是构筑我国人工智能发展的先发优势，加快建设创新型国家和世界科技强国。

（2）技术趋势

当前人工智能在技术上大致可分为感知、认知和执行3个层次：感知层包括机器视觉、语音识别等利用人工智能获取外部数据的技术，认知层主要包括机器学习技术，执行层包括机器人、智能芯片和类脑计算等技术。

目前人工智能在技术层面上主要还是通过弱人工智能来实现感知智能和初级认知智能。随着计算机计算能力的飞速发展，在云计算、大数据、物联网和深度学习等技术支持下，人工智能在感知智能和初级认知智能上已经取得了令人惊叹的成绩，例如人脸识别的准确率已经接近100%，超越了人类，语音识别的准确率也在不断提高，机器翻译的水平已经获得大幅提升。最近几年人工智能一个比较有吸引力的突破是从理解内容进化到了有一定的内容创作能力，在文本、图像、音/视频甚至程序代码的自动生成上都出现了优秀的新人工智能产品。不过，现有的人工智能在逻辑推理、自主学习、复杂场景自适应等方面还存在很多缺陷，依赖于未来技术进一步突破以获得改善。

（3）应用趋势

人工智能技术虽然整体上还远没有成熟，但在一些领域已经出现了较成熟的平台、工具和产品，如人脸识别系统已经在很多行业获得广泛应用。人工智能的一个发展趋势是与制造业、医药业、农业、教育和金融等传统行业结合，开创"智能＋行业"的新兴业态，如智能制造、智能医疗、智能教育、智能农业、智能金融等。随着人工智能技术的不断突破和新产品的不断出现，人工智能在各行业的应用场景和业务范围也有望逐渐扩大。

电子活页 6-2

生成式人工智能

任务 6.2 探索人工智能核心技术

任务描述

通过前面的学习，我们初步认识了人工智能，如果不满足于对人工智能的大致了解，想获得利用人工智能解决实际问题的知识和技能，就必须学习人工智能的核心技术。机器学习就是目前人工智能中使用较广泛的核心技术，只有认真学习并掌握，才能为应用和开发人工智能产品做好准备。

任务目标

1. 了解人工智能和机器学习的关系。
2. 熟悉机器学习的基本流程。
3. 熟悉机器学习的常见开发工具。
4. 了解机器学习的核心算法。

> 小思考：从零开始学习人工智能，我们需要掌握哪些核心知识和技能？

任务实现

典型工作环节 1 了解人工智能和机器学习的关系

机器学习（Machine Learning）被视为人工智能的一个子集，主要研究计算机如何自动获取知识和技能，实现自我完善。

　　为了使机器具备人类的学习能力，历史上出现过符号学习和统计学习两种主要方法。符号学习以知识推理为主要工具，早期的人工智能发展推动了机器学习的发展，现在随着计算机算力的提高和大数据的普及，统计学习占据了绝对主导地位，从统计学习的角度来说，机器学习是从现有数据中分析出规律，并利用规律来对未知数据进行预测的算法。

　　传统的人工神经网络是实现机器学习中的分类、聚类和回归等任务的重要方法，后来研究者发现改进后的多层次的神经网络可以用来自动提取数据特征，这种方法逐渐发展成为机器学习中的一个重要分支，即深度学习（Deep Learning）。

　　机器学习是人工智能的重要子集，深度学习又是机器学习目前较有发展前途的一个子集，如图6-4所示。近年来，深度学习取得了重大突破，得到了广泛应用，也推动了机器学习和人工智能的蓬勃发展。

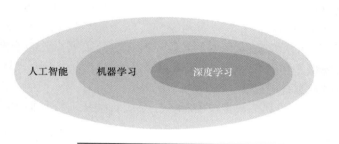

图 6-4
人工智能和机器学习

　　在机器学习领域还有一个相对独立的部分是强化学习（Reinforcement Learning），这是一种通过模拟大脑神经细胞中的奖励信号来改善行为的学习方法，与传统的机器学习和深度学习不同，强化学习不但能利用数据，还会主动探索数据。

典型工作环节 2　熟悉机器学习的基本流程

　　典型的机器学习基本流程包括数据采集、特征工程、模型建立和模型使用 4 个阶段。

　　1. 数据采集

　　由于机器学习是从数据中进行学习的方法，所以首先要针对想要解决的问题进行数据采集。采集到的数据根据用途又可分为训练数据和测试数据：训练数据用于帮助机器学习知识，建立起包含知识的模型的数据；测试数据是模型服务的对象，用于检查训练后的模型能否做出正确的预测。

　　采集到的数据类型既有格式化数据，也有文本、音频、视频等非格式化数据。数据采集有两种方法：一种是自己采集，一般要用到信息采集设备，如传感器、扫描仪和摄像头等；另一种是去互联网上下载公开的数据集。

　　2. 特征工程

　　采集到的原始数据一般不能直接用来训练模型，需要经过处理才能使用。处理数据的过程称为特征工程，目的是从数据中提取能训练模型的格式化数据。

　　用于训练的格式化数据一般是一个包括多项分量的向量，即通过特征工程后，每个训练数据都变成一个向量（特征向量）。特征向量的每个分量称为特征。

　　在机器学习中，特征工程是非常重要的环节，特征工程的质量往往决定了最终训练出的模型的质量。

手动提取特征是很困难的，近年来，正是深度学习领域在自动提取特征方面的研究取得了重大突破，才使机器学习的门槛降低，并使机器学习在各行各业得到广泛应用。

和训练数据一样，测试数据也要经过特征工程，提取出符合模型输入需要的特征向量。

3. 模型建立

模型建立是机器学习流程的核心阶段，使用训练数据训练的最终结果就是得到一个模型，可针对特定问题，根据输入的特征给出输出结果。

模型建立首先要确定建立什么类型的模型，机器学习的模型类型有很多，可以从多个角度进行分类。

（1）按学习过程分类

机器学习模型按学习过程分类可以分为监督学习模型、无监督学习模型和半监督学习模型。

监督学习模型的对象是有标签的数据，有标签的数据指已经给出明确标记的数据。监督学习模型是利用有标签的训练数据经过学习得到的模型，目标是利用该模型给未标记的测试数据打上标签。

无监督学习模型的训练数据没有标签，系统自动从训练数据中学习知识，建立模型。

半监督学习模型是监督学习模型和无监督学习模型相结合的一种模型，基本原理是利用少量已标记的样本来帮助大量未标记的样本进行标记。和监督学习模型相比，半监督学习模型在低学习成本的情况下能达到较高的准确率。

（2）按完成的任务类型分类

机器学习模型按完成的任务类型分类可分为聚类模型、分类模型、回归模型和标注等模型。

聚类模型将训练数据按某种关系划分为多个簇，将关系较近的训练数据分在同一个簇中。聚类模型属于无监督学习模型，训练数据没有标签，但经模型预测后的测试数据会被打上标签，标签是数据所属的簇号。

分类模型是机器学习应用较广泛的一种，目标是将某个事物判定为预先设定的某个类型之一。分类模型属于监督学习模型，数据的标签是预设的类别号。

回归模型预测的不是离散的类别，而是一个具体的连续数值。回归模型也属于监督学习模型。

标注模型处理的对象不是单个样本，而是由多个有前后关联关系的样本组成的序列。标注问题可以看作分类问题的一个推广，常用在自然语言处理方面。标注模型也属于监督学习模型。

（3）模型建立的过程

模型建立的过程可以分为模型训练、模型评估和模型优化 3 个阶段。

模型训练是用特征工程产生的特征向量集对参数进行调整，经多轮输入特征向量的训练，参数逐渐稳固生成待评估模型。

模型训练的时间根据问题的规模、硬件配置、训练条件及算法复杂度的不同而变化，有可能需要非常长的时间。

不是所有的训练都会成功，评价模型训练是否成功有两个指标——一个是训练误差，另一个是测试误差，一般追求的是最小测试误差。模型对测试数据的预测能力也被称为泛化（Generalization），有足够泛化能力的模型才是有用的模型。

对评估达不到要求的模型，则需要进行优化重新调整参数。机器学习模型的参数有两种：一种是通过训练从数据中学习得到的；另一种则是人为控制的，需要人为设定的参数称为超参数（Hyper Parameter），超参数的变化对模型有很大的影响，对超参数的优化很依赖机器学习训练人员的经验。

4. 模型使用

训练完成后得到一个最优的模型，将测试数据输入模型，得到最终的预测结果。

典型工作环节3　熟悉机器学习的常见开发工具

对人工智能项目进行专业的开发、维护和使用需要用到编程语言，很多高级编程语言都能胜任这项工作，由于 Python 在使用上的便捷和相关库的丰富，目前常见的人工智能程序基本上都是用 Python 来编写的，Python 已经成为事实上的人工智能标准开发语言，机器学习项目也不例外。

除了编程语言，开发人员还需要有强大、易用的集成开发环境来帮助自己编写代码、调试代码、测试代码和做其他辅助工作，从而提高开发效率。

用 Python 开发人工智能项目最常用的一个集成开发环境是 Anaconda。Anaconda 是一个开源且自带了很多科学计算库的 Python 发行版，主要优势是提供了包管理和环境管理的功能，可以很方便地解决多版本 Python 并存、切换问题及各种第三方包安装的问题。

Anaconda 的图形化管理界面如图 6-5 所示。Anaconda 自带很多工具，包括 Spyder 和 Jupyter Notebook 等，Spyder 是图形化集成开发环境；Jupyter Notebook 则是一个运行在 Web 界面的交互式笔记本，如图 6-6 所示，因为它表达能力强，便于相互交流，是目前人工智能项目包括机器学习项目使用较多的开发工具。

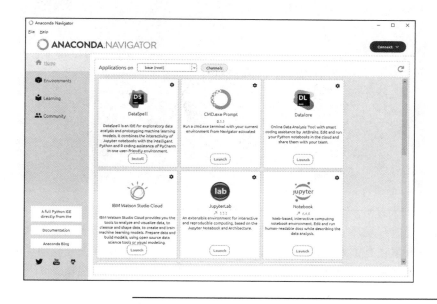

图 6-5
Anaconda 的
图形化管理界面

笔记

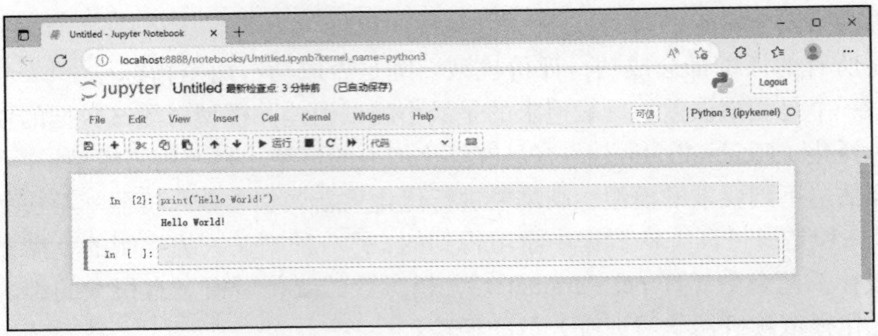

图 6-6
Jupyter Notebook

也可以使用其他第三方 Python 集成开发环境，使用较多的有 JetBrains 公司开发的 PyCharm 和微软公司开发的 VSCode，如图 6-7 和图 6-8 所示。

图 6-7
PyCharm

图 6-8
VSCode

除了集成开发环境，开发人员还需要有强大的人工智能应用框架来帮助自己提高项目开发效率，有了人工智能应用框架，开发人员就不需要亲自去完成烦琐的底层编码工作，可将精力集中到高层配置上，从而降低人工智能开发的门槛。

很多组织和公司都开发过人工智能应用框架，当前使用较多的人工智能应用框架有 TensorFlow、PyTorch、MindSpore 和 PaddlePaddle，它们主要应用在深度学习项目的开发中。

TensorFlow 是谷歌公司于 2015 年开源的深度学习框架，能够将复杂的数据结构传输至人工神经网络中进行分析和处理。TensorFlow 1.x 采用的是静态图模式，2019 年推出的 TensorFlow 2.0 改用流行的动态图模式。TensorFlow 是目前使用较广泛的深度学习框架之一。

PyTorch 是 Facebook 公司开发的深度学习框架，在学术研究领域被广泛应用。

MindSpore 是华为公司于 2020 年开源的新一代全场景深度学习框架，可以在动态图模式和静态图模式之间切换。MindSpore 目前处于快速发展中，应用前景良好。

PaddlePaddle 的中文名称是飞桨，是百度公司开发的深度学习框架，在国内使用率较高。

不同的框架有不同的特点，用户需要根据需求和条件选择合适的人工智能应用框架。

典型工作环节 4　了解机器学习的核心算法

通过训练数据建立各类模型是机器学习的重点和难点，具体工作是通过相应的算法来实现的，所以学习并熟悉机器学习算法是掌握机器学习理论的关键。

机器学习的算法种类繁多，实际工作中需要根据任务需求选择合适的算法。下面对常用的几种机器学习算法做简单介绍。

> 小提示：现在人工智能的开发工具日益强大、完善，在要求不高的情况下，我们可以不深究原理和算法细节，只要会调用现成的库和函数完成任务即可。但如果想真正掌握人工智能和机器学习的核心技术，需要学习一些数学知识，主要包括微积分、线性代数和概率论等。

1. 聚类

机器学习里的聚类（Clustering）用于对事物进行分组，聚类算法是对代表事物的实例集合进行分组（分簇）的算法。聚类属于无监督学习，使用的样本没有标签。

根据分组依据的不同，有很多类型的聚类算法，常见的有 k-means（k 均值）聚类算法，基本原理是将数据划分为 k 个簇，使同一簇中的数据点相距较近，不同簇中的数据点相距较远。因此，它是一种基于分区的聚类技术，数据点的相似性由它们之间的距离决定。

k-means 聚类算法的大致步骤如下。

（1）为每个集群随机选择质心（集群中心）。

（2）计算所有数据点到质心的距离。

（3）将数据点分配给最近的集群。

（4）通过取集群中所有数据点的平均值来找到每个集群的新质心。

（5）重复步骤（2）～步骤（4），直到所有点收敛并且聚类中心停止移动。

以图 6-9 所示的聚类任务为例，假设二维平面数据点集合需要根据坐标值划分为 4 种类型。

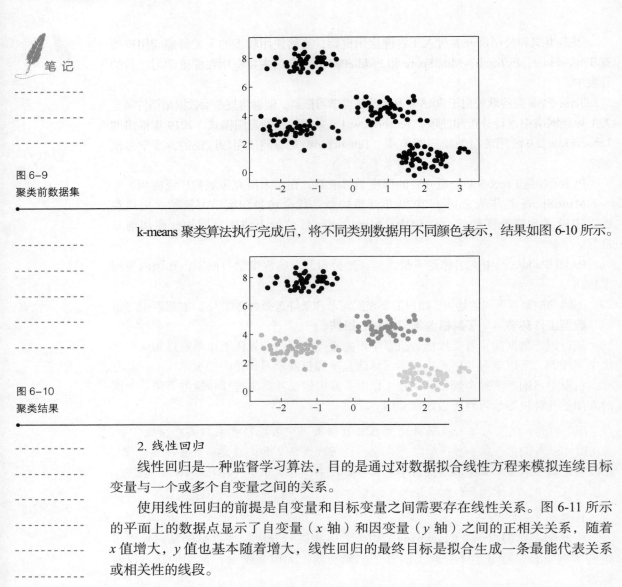

图 6-9
聚类前数据集

k-means 聚类算法执行完成后，将不同类别数据用不同颜色表示，结果如图 6-10 所示。

图 6-10
聚类结果

2. 线性回归

线性回归是一种监督学习算法，目的是通过对数据拟合线性方程来模拟连续目标变量与一个或多个自变量之间的关系。

使用线性回归的前提是自变量和目标变量之间需要存在线性关系。图 6-11 所示的平面上的数据点显示了自变量（x 轴）和因变量（y 轴）之间的正相关关系，随着 x 值增大，y 值也基本随着增大，线性回归的最终目标是拟合生成一条最能代表关系或相关性的线段。

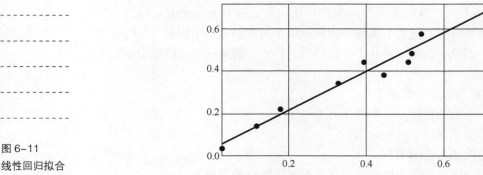

图 6-11
线性回归拟合

3. 逻辑回归

逻辑回归虽然名称上有"回归"二字，但实际上是一种分类算法。逻辑回归常用来解决二分类问题（只有正样本和负样本），如图 6-12 所示。逻辑回归是一种监督学习算法。

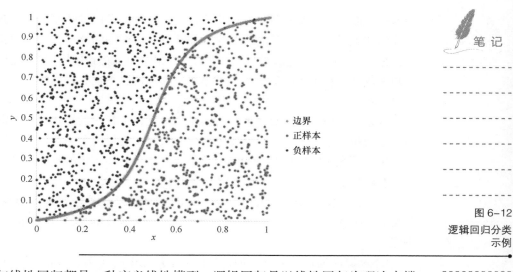

图 6-12
逻辑回归分类
示例

逻辑回归与线性回归都是一种广义线性模型，逻辑回归是以线性回归为理论支撑的，区别是逻辑回归通过一个名称为 Sigmoid 的逻辑函数引入了非线性因素，因此可以轻松处理二分类问题。

4. 决策树

决策树是机器学习的一种重要算法。决策树建立在反复提出问题以划分数据的基础上，如图 6-13 所示。决策树学习速度快、预测速度快，对许多问题的预测都很准确，并且不需要事先为数据做任何特殊准备。

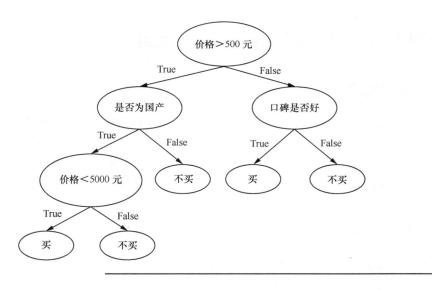

图 6-13
决策树示例

5. 支持向量机

支持向量机（Support Vector Machine，SVM）是一种二分类模型，它的基本模型是定义在特征空间上的间隔最大的线性分类器。

支持向量机是一种监督学习算法，主要用于分类任务，但也适用于回归任务。

6. 朴素贝叶斯

朴素贝叶斯算法（Naive Bayesian Algorithm）是应用较为广泛的分类算法之一，

笔记

朴素贝叶斯算法的基础是贝叶斯算法，贝叶斯算法是以贝叶斯原理为基础，使用概率统计的知识对样本数据集进行分类。朴素贝叶斯算法的特点是结合先验概率和后验概率，既避免了只使用先验概率的主观偏见，也避免了单独使用样本信息的过拟合现象，误判率较低。朴素贝叶斯算法在数据集较大的情况下也有较高的准确率，同时算法本身也比较简单。

朴素贝叶斯算法在贝叶斯算法的基础上进行了相应的简化，即假定给定目标值时属性之间相互条件独立。虽然这个简化方式在一定程度上降低了朴素贝叶斯算法的分类效果，但在实际应用场景中能极大降低朴素贝叶斯算法的复杂性。

7. k 近邻

k 近邻（K-Nearest Neighbor，KNN）算法是一种监督学习算法，可用于解决分类和回归任务。KNN 算法的主要思想是数据点的值或类别由它周围的数据点决定。

KNN 算法通过搜索整个训练集内 k 个最相似的实例（邻居），并对这 k 个实例的输出变量进行汇总，来预测新的数据点。

8. 随机森林

随机森林算法是非常强大的机器学习算法，可以同时胜任分类和回归任务。随机森林算法属于集成学习，核心思想是将多个分类器进行组合，从而实现一个效果更好的集成分类器。

随机森林以决策树为基本单元，通过集成大量的决策树，构成随机森林。

任务 6.3　应用和开发人工智能项目

任务描述

通过前面的学习，我们已经对人工智能的基础概念和人工智能的核心技术有了一定的了解，下面我们尝试利用人工智能技术做一些实际工作。限于篇幅，本任务的主要目标是通过使用一个开发完成的人工智能产品和展示一个典型人工智能项目的开发流程，加深大家对人工智能应用和开发的认知与理解。大家如果想继续学习人工智能应用开发技能，需要阅读更专业的书籍资料。

任务目标

1. 通过使用人工智能产品加深对人工智能的理解。
2. 通过开发人工智能项目掌握基础开发技能。

任务实现

典型工作环节 1　使用人工智能产品

人们在日常生活中已经能够接触和使用一些人工智能产品，例如上网时会收到商家根据人工智能分析发送的推荐、考勤时使用的人脸识别、开车时使用的辅助驾驶等。现在已经有一些人工智能产品开放了使用接口给普通用户，甚至开源了算法和代码，这样人们就可以直接使用已有的人工智能产品满足自己的需求，或者以此为基础改进生成其他人工智能项目。

下面就以一个开源的人工智能围棋程序 KataGo 为例，简单说明人工智能产品的安装与使用。

首先去 KataGo 的官网下载相应文件。用户可以下载 KataGo 的源码并根据自己的情况进行个性化编译，也可以根据自己的围棋水平和计算机图形处理单元（Graphics Processing Unit，GPU）显卡的档次选择不同的 KataGo 版本。普通用户如果没有自己的编译和研究需求，也可以直接下载适合自己计算机平台的已编译好的可执行文件。

在图 6-14 所示的页面中可以下载已编译好并带有图形界面的 KataGo 可执行文件 KaTrain.exe。

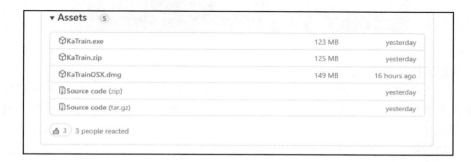

图 6-14
KaTrain.exe 的下载

使用 Windows 操作系统的用户下载 KaTrain.exe 文件到本地目录后，双击即可运行。根据自己的需求进行设置后即可进行围棋对弈和研究，如图 6-15 和图 6-16 所示。

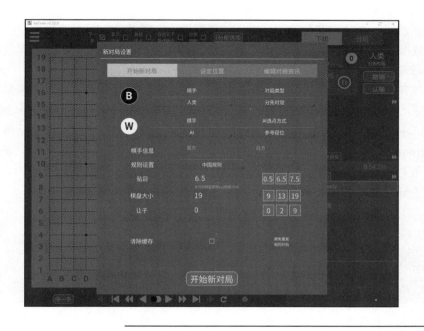

图 6-15
KataGo 对弈设置

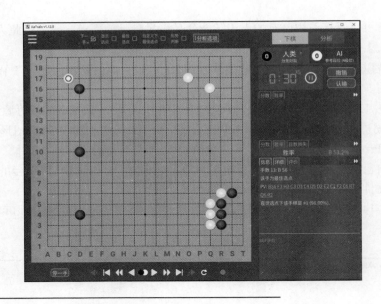

图 6-16
KataGo 人机对弈

典型工作环节 2　开发人工智能项目

作为人工智能学习方面的新手，在学习了基础理论和技术后，需要通过开发实际的人工智能项目来提高自己的技能水平。对新手来说，可以先做最简单的项目练习，例如使用免费、开源的机器学习库 scikit-learn 和示范教程做一些基础练习；有了一定的基础后，还可以尝试做实际的项目开发。对于缺少合适的人工智能项目的问题，一个比较好的解决方案是参加公开平台的人工智能竞赛，如国内的天池。这些平台上的人工智能竞赛数据很多都是来自真实的案例库，参赛人员可以直接接触到真实生产环境中的数据，对增长经验、提升水平很有帮助。使用竞赛平台还有一个好处是平台上有很多帮助、示例教程和社区讨论服务，可以帮助初学者尽快入门。

下面就以一个鸢尾花分类项目为例，简要说明人工智能项目的开发流程。鸢尾花（Iris）数据集是一个经典的数据集，由生物学家非舍尔（Fisher）在 1936 年收集，在统计学习和机器学习领域经常被用作示例。

鸢尾花数据集内包含 3 类共 150 条记录，每类各有 50 条记录，每条记录都有以下 4 个特征：sepal length（花萼长度）、sepal width（花萼宽度）、petal length（花瓣长度）和 petal width（花瓣宽度）。可以通过这 4 个特征预测鸢尾花属于下列 3 个品种中的哪一个：iris-setosa（山鸢尾）、iris-versicolor（变色鸢尾）和 iris-virginica（维吉尼亚鸢尾）。

以下是基于 KNN 算法实现鸢尾花分类的 Python 程序示例和简单说明。

首先导入必要的模块。

```
import numpy as np
import matplotlib.pyplot as plt
from sklearn.datasets import load_iris  # 数据
from sklearn.model_selection import train_test_split  # 分割
from sklearn.preprocessing import StandardScaler # 标准化
from sklearn.neighbors import KNeighborsClassifier # 邻居
```

然后获取数据集，可以直接从 scikit-learn 库中读取小样本鸢尾花数据集。

```
iris = load_iris()
```

接着展示数据。先展示鸢尾花数据集总体参数和样例。

```
iris.keys()
n_samples, n_features = iris.data.shape
print("Number of sample:",n_samples)   #样本数量
print("Number of feature",n_features)   #特征数量
print(iris.data[0])   #第一个样本
print(iris.data.shape)   #数据形状（维度）
print(iris.target.shape)   #目标（标签）形状
print(iris.target)         #目标
print(iris.target_names)    #目标名称
np.bincount(iris.target)    #目标各种值数量统计
```

展示结果如图 6-17 所示。

```
Number of sample: 150
Number of feature 4
[5.1 3.5 1.4 0.2]
(150, 4)
(150,)
[0 0 0 0 0 0 0 0 0 0 0 0 0 0 0 0 0 0 0 0 0 0 0 0 0 0 0 0 0 0 0 0 0 0 0 0 0 0 0
 0 0 0 0 0 0 0 0 0 0 0 1 1 1 1 1 1 1 1 1 1 1 1 1 1 1 1 1 1 1 1 1 1 1 1 1 1 1
 1 1 1 1 1 1 1 1 1 1 1 1 1 1 1 1 1 1 1 1 1 1 2 2 2 2 2 2 2 2 2 2 2 2 2 2 2 2
 2 2 2 2 2 2 2 2 2 2 2 2 2 2 2 2 2 2 2 2 2 2 2 2 2 2 2 2 2 2 2 2 2 2 2 2 2 2
 2 2]
['setosa' 'versicolor' 'virginica']

array([50, 50, 50], dtype=int64)
```

图 6-17
展示结果 1

再绘图展示鸢尾花的数据分布。

```
# 画直方图
x_index=3   # 以第 3 个索引为划分依据，x_index 的值可以为 0、1、2、3
color=['blue','red','green']
for label, color in zip(range(len(iris.target_names)),color):
      plt.hist(iris.data[iris.target==label, x_index],label=iris.target_
names[label],color=color)
plt.xlabel(iris.feature_names[x_index])
plt.legend(loc='upper right')
plt.show()
# 画散点图，第一维的数据作为 x 轴，第二维的数据作为 y 轴
x_index=0
y_index=1
colors=['blue','red','green']
for label, color in zip(range(len(iris.target_names)),colors):
      plt.scatter(iris.data[iris.target==label,x_index],
                      iris.data[iris.target==label,y_index],
                      label=iris.target_names[label],
                      c=color)
plt.xlabel(iris.feature_names[x_index])
plt.ylabel(iris.feature_names[y_index])
plt.legend(loc='upper left')
plt.show()
```

展示结果如图 6-18 所示。

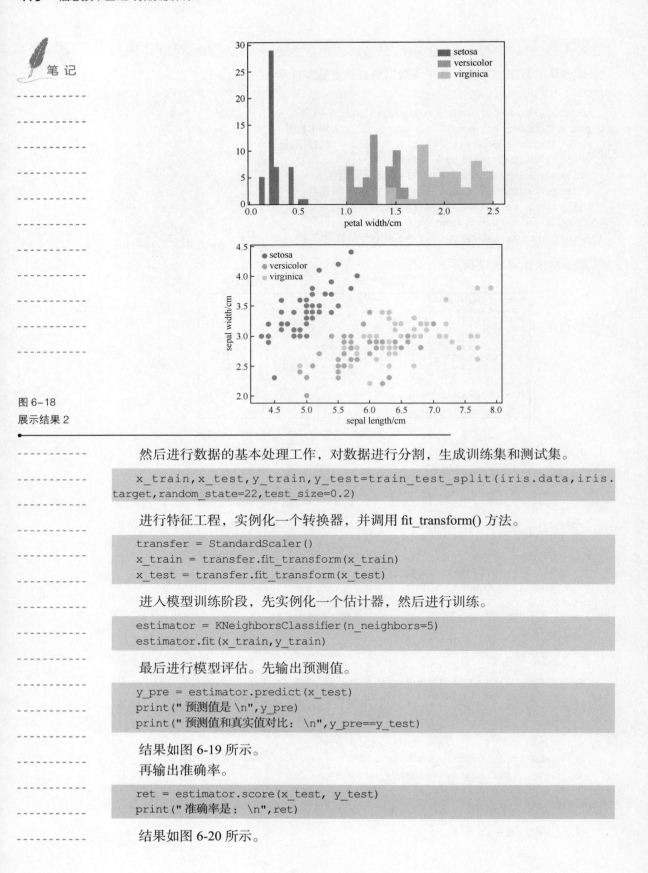

笔 记

图 6-18
展示结果 2

然后进行数据的基本处理工作，对数据进行分割，生成训练集和测试集。

```
    x_train,x_test,y_train,y_test=train_test_split(iris.data,iris.
target,random_state=22,test_size=0.2)
```

进行特征工程，实例化一个转换器，并调用 fit_transform() 方法。

```
transfer = StandardScaler()
x_train = transfer.fit_transform(x_train)
x_test = transfer.fit_transform(x_test)
```

进入模型训练阶段，先实例化一个估计器，然后进行训练。

```
estimator = KNeighborsClassifier(n_neighbors=5)
estimator.fit(x_train,y_train)
```

最后进行模型评估。先输出预测值。

```
y_pre = estimator.predict(x_test)
print("预测值是 \n",y_pre)
print("预测值和真实值对比：\n",y_pre==y_test)
```

结果如图 6-19 所示。
再输出准确率。

```
ret = estimator.score(x_test, y_test)
print("准确率是：\n",ret)
```

结果如图 6-20 所示。

预测值是
[0 2 1 1 1 1 1 1 1 0 2 1 2 2 0 2 1 1 1 1 1 0 2 0 1 1 0 1 1 2 1]
预测值和真实值对比：
[True True True False True True True False True True True True
True True True True True True False True True True True True
False True False False True False]

图 6-19
预测值

准确率是：
0.7666666666666667

图 6-20
准确率

> 小思考：使用哪些人工智能产品可以提高自己的学习 / 生活效率和质量，如果需要自己开发人工智能产品，应该采用什么方法？

任务拓展

尝试利用深度学习技术开发一个项目，可以用笔记本电脑的摄像头识别人脸。

电子活页 6-3

基于 CNN 的
人脸识别

任务 6.4　练习

1. 选择题

（1）聚类属于（　　）。

A. 无监督学习　　　　　　　　B. 有监督学习

C. 半监督学习　　　　　　　　D. 以上都不对

（2）典型的机器学习应用流程包括数据采集、（　　）、模型建立和模型使用 4 个阶段。

A. 降维工程　　　　　　　　　B. 特征工程

C. 清洗工程　　　　　　　　　D. 标准工程

（3）下列不属于深度学习框架的是（　　）。

A. TensorFlow　　　　　　　　B. Jupyter Notebook

C. MindSpore　　　　　　　　D. PaddlePaddle

2. 简答题

（1）什么是人工智能？

（2）说明人工智能、机器学习和深度学习的关系。

（3）简述机器学习应用开发流程。

3. 实训题

（1）注册账号登录 ChatGPT 网站，进行人机对话测试。

（2）登录天池竞赛平台，注册后根据自己的能力参加一个学习赛，提交竞赛成果查看排名。

学习单元 7　云计算基础

学习目标

【知识目标】

1. 识记：云计算的基本概念、应用场景、关键技术、发展历程。

2. 领会：云计算的技术架构、业务情况、服务交付模式、部署模式。

【能力目标】

1. 能够熟悉典型云服务的配置、操作。

2. 能够熟悉主流云产品及解决方案。

【素质目标】

1. 能够针对云计算的典型云服务进行配置、操作，理解和运用云计算知识，解决云计算工程问题；具有良好的人文科学素养、团队合作能力和较强的社会责任感。

2. 能够通过足够的"持续职业发展"保持和拓展个人能力，具备一定的国际视野，熟悉云计算行业国内外发展现状和趋势，熟悉行业主流产品及方案，能适应云计算技术的发展及职业发展的变化。

单元导读

云计算是信息技术发展和服务模式创新的集中体现，是信息化发展的重大变革和必然趋势。数字经济时代背景下，以云计算为承载，融合大数据、人工智能、区块链、数字孪生等新一代数字技术于一体的平台底座，是当前企业数字基础设施数字化转型发展的重要方向。云计算将信息存储在云端，使用户可以随时随地访问，帮助企业提高效率并降低成本。同时，云计算还可以利用大数据分析、人工智能和机器学习等技术，帮助企业实现数字化转型，快速做出决策。此外，云计算还具有弹性可扩展能力，当企业的业务规模发生变化时，可以通过调整云资源的使用来让员工快速适应业务变化。

为了让大家尽快认识云计算，本单元制订了如下任务。

1. 初识云计算。

2. 了解云计算商业生态及应用。

3. 配置云计算管理平台。

任务 7.1　初识云计算

任务描述

云计算不仅是一种计算方式，更是一种生活方式。云计算已经融入社交应用、在线购物、在线支付、视频直播、数据备份、文档在线编辑、电子邮件、虚拟桌面、软件开发、大数据分析、智能服务等日常场景，为人们带来了极大的便利。要建立对云计算的整体认知，需要先了解云计算的基本概念、发展历程、服务交付模式、部署模式及关键技术。

任务目标

1. 熟悉云计算的基本概念。
2. 了解云计算的发展历程。
3. 熟悉云计算的服务交付模式。
4. 掌握云计算的部署模式。
5. 了解云计算的关键技术。

> 小思考：什么是云计算？它如何帮助我们分析客户数据和提高办公效率？

任务实现

典型工作环节 1　熟悉云计算的基本概念

1. 云计算概述

从狭义上讲，云计算指 IT 基础设施的交付和使用模式，通过网络以按需、易扩展的方式获得所需的资源（硬件、平台、软件），提供资源的网络被称为"云"。"云"中的资源在使用者看来是可以无限扩展的，并且可以随时获取、按需使用、随时扩展、按使用付费。

从广义上讲，云计算指服务的交付和使用模式，通过网络以按需、易扩展的方式获得所需的服务。这种服务可以是 IT 和软件、互联网相关的，也可以是任意其他的服务，它意味着计算能力也可作为一种商品通过互联网进行流通。

总之，云计算不是一种全新的网络技术，而是一种全新的网络应用概念，云计算的核心概念就是以互联网为中心（见图 7-1），在网站上提供快速且安全的云计算服务与数据存储，让每一个用户都可以使用网络上庞大的计算资源与数据中心。

图 7-1
云计算以互联网
为中心

2. 云计算的特点

（1）虚拟化

虚拟化突破了时间、空间的界限，是云计算最为显著的特点。虚拟化技术包括应用虚拟和资源虚拟两种。物理平台与应用部署的环境在空间上是没有任何联系的，需要通过虚拟平台对相应终端操作完成数据备份、迁移和扩展等。

（2）动态可扩展

云计算具有高效的运算能力，在原有服务器的基础上增加云计算功能能够使计算速度迅速提高，最终实现动态扩展虚拟化的层次，达到对应用进行扩展的目的。

（3）按需部署

计算机上不同的应用对应的数据资源库不同，这就要求计算机具备较强的计算能力对资源进行部署，而云计算能够根据用户的需求快速配备计算资源。

（4）灵活性高

云计算的兼容性非常强，不仅可以兼容低配置的机器、不同厂商的硬件产品，还能够连接外设获得更强的性能。

（5）可靠性高

使用云计算，即使服务器故障也不会影响计算机的正常运行，因为单点服务器出现故障时可以通过虚拟化技术将分布在不同物理服务器上的应用进行恢复或利用动态扩展功能部署新的服务器进行计算。

（6）性价比高

将资源放在虚拟资源池中统一管理在一定程度上优化了物理资源，用户不再需要昂贵、存储空间大的主机，可以选择相对便宜的 PC 组成云，一方面减少费用，另一方面计算性能不逊于大型主机。

（7）可扩展性

用户可以利用应用软件的快速部署条件来简单、快捷地对自身所需的已有业务及新业务进行扩展。例如，计算机云计算系统中出现设备故障，对用户来说，无论是在计算机层面上，还是在具体应用上，均不会受到阻碍，可以利用云计算具有的动态扩展功能来对其他服务器开展有效扩展。这样一来就能够确保任务得以有序完成。

（8）超大规模

大多数云计算中心都具有相当大的规模。贵州省贵安新区华为云计算中心（见图 7-2）建筑面积约 48 万平方米，建设规模可容纳 100 万台服务器，全部建成后将成为华为的大型云计算中心，也是华为云业务的重要承载节点。并且，云计算中心能通过整合和管理这些数目庞大的计算机集群，来赋予用户前所未有的计算和存储能力。

图 7-2
贵州省贵安新区
华为云计算中心

典型工作环节 2　了解云计算的发展历程

云计算随着计算机、网络、软件应用的需求同步发展。云计算的发展大体经历了 3 个重要时代，即虚拟化时代、基于虚拟机的云计算时代与基于容器的云计算时代。

1. 虚拟化时代

1965 年，IBM 公司推出分时共享系统（Time Sharing System，TSS），通过虚拟机监视器（Virtual Machine Monitor）虚拟所有的硬件接口，允许多个用户共享同一高性能计算设备的使用时间，也就是最原始的虚拟机技术。

1972 年，IBM 公司发布了名为 VM（Virtual Machine）的操作系统。

1998 年，VMware 公司成立并首次引入 x86 的虚拟技术，通过运行在 Windows NT 上的 VMware 来启动 Windows 95。

通过虚拟机，同一台物理机上可以运行多个虚拟机，降低了服务器的数量，而且速度和弹性也远超物理机。

2. 基于虚拟机的云计算时代

在虚拟化技术成熟之后，云计算市场才真正出现，此时基于虚拟机技术诞生了众多的云计算产品，也陆续出现了基础设施即服务（Infrastructure as a Service，IaaS）、平台即服务（Platform as a Service，PaaS）、软件即服务（Software as a Service，SaaS）等平台，以及公有云、私有云、混合云等部署形态。

2006 年，AWS 推出首批云产品简单存储服务（Simple Storage Service，S3）和弹性计算云（Elastic Compute Cloud，EC2），使企业可以利用 AWS 的基础设施构建自己的应用程序。

2010 年 7 月，Rackspace 公司和 NASA（美国国家航空航天局）联合推出了一项名为 OpenStack 的开源云软件计划。

2011 年，阿里云开始大规模对外提供云计算服务。

3. 基于容器的云计算时代

2013 年，容器化引擎 Docker 发布，大受欢迎，容器（Container）技术逐步替代虚拟机技术，云计算进入容器时代。

2014 年 10 月，谷歌公司开源 Kubernetes 容器云平台，谷歌公司联 Linux 基金会成立了云原生计算基金会（Cloud Native Computing Foundation，CNCF），以 Kubernetes 为核心的云原生生态系统也得以迅猛发展，云原生成为云计算市场的技术新热点。

无论是启动时间还是单元大小，物理机虚拟化、虚拟机、容器一路走来，实现了从重量级到轻量级的转变，同时技术逐渐从闭源走向开源。

典型工作环节 3　熟悉云计算的服务交付模式

云计算可以按需提供弹性资源，它的表现形式是一系列服务的集合。因此，大多数学者以及工程技术人员将云计算的 3 层体系架构分为 SaaS、PaaS 和 IaaS，即 3 层 SPI（SaaS、PaaS、IaaS 的首字母缩写）架构，如图 7-3 所示。

IaaS 提供物理计算资源、网络、存储、区域、数据分区、弹性伸缩、安全、数据备份等基础架构服务；PaaS 提供编程语言、数据库、云服务、运行环境与管理工具等，实现将应用程序部署到云基础设施上；SaaS 提供消费者应用或行业应用服务，面向消费者和企业用户。

笔记

笔 记

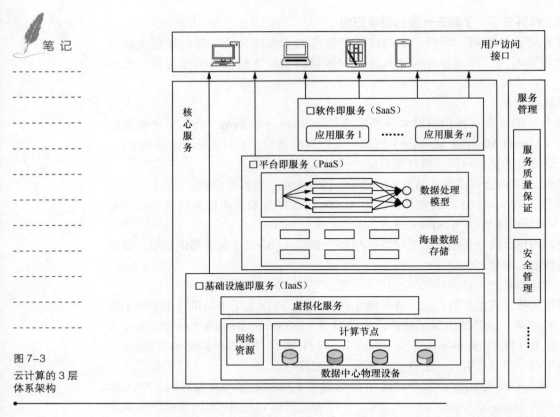

图 7-3
云计算的 3 层
体系架构

　　SPI 每层云服务都可以独立提供，也可以基于下层云服务提供。除核心服务模块外，云计算系统还需要服务管理模块和用户访问接口模块。服务管理模块为核心服务提供支持，主要包括服务质量保证和安全管理等；用户访问接口模块通过命令、Web 服务和 Web 门户等形式实现云计算服务的访问。

　　1. IaaS

　　IaaS 位于云计算 3 层服务的最底端，也是云计算狭义定义所覆盖的范围，就是以像水、电一样的服务形式提供基于服务器和存储等硬件资源的可高度扩展和按需变化的 IT 能力。通常按照所消耗资源的成本进行收费。

　　该层提供的是基本的计算和存储能力，以计算能力的提供为例，其提供的基本单元就是服务器，包含 CPU、内存、操作系统及一些软件。为了让用户能够定制自己的服务器，需要借助服务器模板技术，将一定的服务器配置与操作系统和软件进行绑定，并提供定制的功能。服务的供应是一个关键点，它的好坏直接影响到用户的使用效率及 IaaS 系统运行和维护的成本。自动化是一个核心技术，它使用户对资源使用的请求可以以自行服务的方式完成，无须服务提供者的介入。一个稳定而强大的自动化管理方案可以将服务的边际成本降低为 0，从而保证云计算的规模化效应得以体现。在自动化的基础上，资源的动态调度得以成为现实。资源动态调度的目的是满足服务水平的要求。如根据服务器的 CPU 利用率，IaaS 平台自动决定为用户增加新的服务器或存储空间，从而满足事先与用户订立的服务水平条款。在这里，资源动态调度技术的智能性和可靠性十分关键。此外，虚拟化技术是另外一项关键技术，它通过物理资源共享来极大地提高资源利用率，降低 IaaS 平台成本与用户使用成本；虚拟化技术的动态迁移功能还能够带来服务可用性的大幅度提高，这一点对许多用户极具吸引力。

2. PaaS

PaaS 位于云计算 3 层服务的最中间，通常也称为"云计算操作系统"。它提供给终端用户基于互联网的应用开发环境，包括 API 和运行平台等，并且支持应用从创建到运行整个生命周期所需的各种软硬件资源和工具。通常按照用户或登录情况计费。在 PaaS 层面，服务提供商提供的是经过封装的 IT 能力，或者说是一些逻辑资源，如数据库、文件系统和应用运行环境等。

通常又可将 PaaS 细分为开发组件即服务和软件平台即服务。前者指的是提供一个开发平台和 API 组件，给开发人员更大的弹性，按照不同需求定制服务，一般面向的是独立软件开发商（Independent Software Vendors，ISV）或独立开发者，这些独立软件开发商或独立开发者在 PaaS 厂商提供的在线开发平台上进行开发，从而推出自己的 SaaS 产品或应用。后者指的是提供一个基于云计算模式的软件平台运行环境，让独立软件开发商或独立开发者能够根据负载情况动态提供运行资源，并提供一些支撑应用程序运行的中间件支持。

这个层面涉及两个核心技术。第一个核心技术是基于云的软件开发、测试及运行技术。PaaS 服务主要面向软件开发者，如何让软件开发者通过网络在云计算环境中编写并运行程序，在以前是一个难题。如今，在网络带宽逐步提高的前提下，两种技术的出现解决了这个难题：一种是在线开发工具，开发者可通过浏览器、远程控制台（控制台中运行开发工具）等技术直接在远程开发应用，无须在本地安装开发工具；另一种是本地开发工具和云计算的集成技术，即通过本地开发工具将开发好的应用直接部署到云计算环境中，同时能够进行远程调试。第二个核心技术是大规模分布式应用运行环境。它指的是利用大量服务器构建的可扩展的应用中间件、数据库及文件系统。这种应用运行环境可以使应用得以充分利用云计算中心的海量计算和存储资源，进行充分扩展，突破单一物理硬件的资源瓶颈，满足互联网上百万级用户量的访问要求。

3. SaaS

SaaS 是常见的云计算服务，位于云计算 3 层服务的顶端。用户通过标准的 Web 浏览器来使用互联网上的软件。服务供应商负责维护和管理软硬件设施，并以免费（供应商可以从网络广告之类的项目中获得收入）或按需租用的方式向用户提供服务。尽管这个概念之前就已经存在，但这并不影响它成为云计算的组成部分。

这类服务既有面向普通用户的，如钉钉、微信公众号、腾讯会议、QQ 邮箱、百度网盘等；也有直接面向企业团体的，用以帮助处理工资单流程、人力资源管理、协作、客户关系管理和业务合作伙伴关系管理等。这些产品的常见示例包括钉钉企业版、微信企业版等。这些 SaaS 提供的应用程序减少了客户安装和维护软件的时间和技能等代价，并且可以通过按使用付费的方式来减少软件许可证费用的支出。

典型工作环节 4　掌握云计算的部署模式

云计算的部署模式是指可以向用户提供云计算服务的各种方式。云计算有多种部署模式，如公有云、私有云和混合云，如图7-4所示。

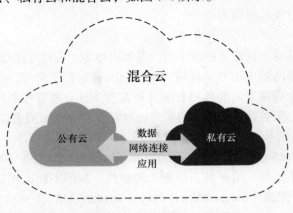

图7-4
云计算的部署
模式

1. 公有云

公有云是一种云计算模型，其中服务器、存储和应用程序等资源可通过互联网提供给任何想要使用它们的人。公有云由第三方公司拥有和运营，如阿里云、腾讯云、华为云等，它们以按使用付费的方式向客户出售对其基础设施的访问权。公有云的主要优势在于其提供无限的可扩展性和更低的成本，因为用户只需为他们使用的资源付费。然而，公有云也引发了对安全、隐私和控制的担忧，因为用户与许多其他客户共享基础设施，并且对底层硬件和软件的可见性和控制有限。

2. 私有云

私有云是云计算的一种模式，其中，单个组织构建和运营云基础架构供其专用。私有云可以使用组织自己的数据中心在本地实施，也可以使用第三方数据中心在外部实施。私有云提供更高级别的安全性、隐私和控制，因为用户可以完全了解和控制底层硬件和软件，并且不会与其他客户共享基础设施。但私有云的成本更高，并且需要更多的专业知识来构建和运营，因为组织必须管理基础设施的所有方面，包括硬件、软件、安全和运营。目前，OpenStack开源云平台成为私有云厂商的首选平台，如华为、腾讯、中国移动、九州云、浪潮等公司，都是OpenStack基金会的主要成员。

3. 混合云

混合云是一种云计算模型，结合了公有云和私有云的最佳特性。在混合云中，组织结合使用公有云和私有云来满足其计算需求，同时利用公有云的可扩展性和成本优势以及私有云的安全、隐私和控制优势。例如，一个组织可能使用公有云进行开发和测试，使用私有云进行生产和存储敏感数据，使用混合云进行灾难恢复和解决容量突发。混合云还提供了更大的灵活性和选择，因为用户可以根据他们的特定需求使用不同的云来实现不同的目的。

总之，每种云计算模型都有自己的优点和缺点，选择取决于每个组织的具体需求和要求。公有云是需要可扩展性和效益最大化的组织的理想选择，私有云是需要安全、隐私和控制的组织的理想选择，而混合云是希望两全其美的组织的理想选择。目前，公有云厂商也都提供混合云的解决方案。

典型工作环节 5　了解云计算的关键技术

1. 网络技术

网络技术是从 20 世纪 90 年代中期发展起来的新技术，它把互联网上分散的资源融为有机的整体，实现资源的全面共享和有机协作，使人们能够透明地使用资源的整体能力并按需获取信息。

云计算的一个重要特征就是经过网络分发服务，借助网络连接实现计算资源的统一管理和调度，构成一个计算资源池向用户提供按需服务。云计算确保多个租户之间资源、网络与流量隔离，使租户的流量对其他租户不可见。

云计算平台通过为每个租户构建虚拟网络来实现隔离，虚拟网络基于软件定义网络（Software Defined Network，SDN）和网络功能虚拟化（Network Function Virtualization，NFV）技术实现。

2. 数据中心技术

数据中心（DataCenter，DC）通常指在一个物理空间内实现对数据信息的集中处理、存储、传输、交换、管理，一般含有计算机设备、服务器设备、网络设备、通信设备、存储设备等关键设备。按照数据中心的功能区划分，数据中心分为主机房、辅助区、支持区和行政管理区。按照数据中心的专业系统划分，数据中心分为供配电系统、机密空调、消防系统、安防系统、监控系统。按标准机架数量划分，数据中心可分为小型、大型和超大型。根据国家标准，数据中心应划分为 A、B、C 这 3 级。A 级为容错型，在系统需要运行期间，其场地设备不应因操作失误、设备故障、外电源中断、维护和检修而导致电子信息系统运行中断。B 级为冗余型，在系统需要运行期间，其场地设备在冗余能力范围内，不应因设备故障而导致电子信息系统运行中断。C 级为基本型，在场地设备正常运行情况下，应保证电子信息系统运行不中断。

2022 年，我国实施"东数西算"工程，"东数西算"中的"数"指的是数据，"算"指的是算力。"东数西算"工程通过构建数据中心、云计算、大数据一体化的新型算力网络体系，将东部算力需求有序引导到西部，优化数据中心建设布局，促进东西部协同联动。2022 年 2 月，在京津冀、长三角、粤港澳大湾区、成渝、内蒙古、贵州、甘肃、宁夏 8 地启动建设国家算力枢纽节点，并规划了 10 个国家数据中心集群。

3. 虚拟化技术

虚拟化技术将一台计算机虚拟为多台逻辑计算机，在一台计算机上同时运行多台逻辑计算机，每台逻辑计算机可运行 Linux、Windows 等不同的操作系统，并且应用程序都可以在相互独立的空间内运行而互不影响，从而显著提高计算机的工作效率。

虚拟化使用软件的方法重新划分 IT 资源，可以实现 IT 资源的动态分配、灵活调度、跨域共享，提高 IT 资源利用率，使 IT 资源能够真正成为社会基础设施，服务于各行各业中灵活多变的应用需求。

自 2006 年以来，英特尔公司和 AMD 公司推出扩展处理器，许多虚拟化解决方案采用了基于内核的虚拟机（Kernel-based Virtual Machine，KVM）、WMware、Xen、Hyper-V、Oracle、VirtualBox 等。虚拟化技术主要包括 CPU 虚拟化、内存虚拟化与存储虚拟化等，如图 7-5 所示。

笔记

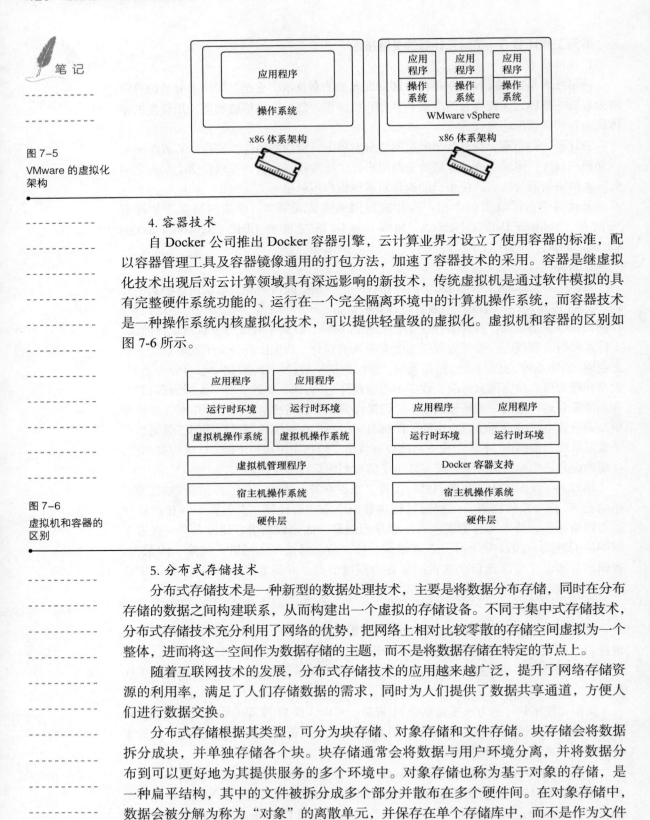

图 7-5
VMware 的虚拟化
架构

图 7-6
虚拟机和容器的
区别

4. 容器技术

自 Docker 公司推出 Docker 容器引擎，云计算业界才设立了使用容器的标准，配以容器管理工具及容器镜像通用的打包方法，加速了容器技术的采用。容器是继虚拟化技术出现后对云计算领域具有深远影响的新技术，传统虚拟机是通过软件模拟的具有完整硬件系统功能的、运行在一个完全隔离环境中的计算机操作系统，而容器技术是一种操作系统内核虚拟化技术，可以提供轻量级的虚拟化。虚拟机和容器的区别如图 7-6 所示。

5. 分布式存储技术

分布式存储技术是一种新型的数据处理技术，主要是将数据分布存储，同时在分布存储的数据之间构建联系，从而构建出一个虚拟的存储设备。不同于集中式存储技术，分布式存储技术充分利用了网络的优势，把网络上相对比较零散的存储空间虚拟为一个整体，进而将这一空间作为数据存储的主题，而不是将数据存储在特定的节点上。

随着互联网技术的发展，分布式存储技术的应用越来越广泛，提升了网络存储资源的利用率，满足了人们存储数据的需求，同时为人们提供了数据共享通道，方便人们进行数据交换。

分布式存储根据其类型，可分为块存储、对象存储和文件存储。块存储会将数据拆分成块，并单独存储各个块。块存储通常会将数据与用户环境分离，并将数据分布到可以更好地为其提供服务的多个环境中。对象存储也称为基于对象的存储，是一种扁平结构，其中的文件被拆分成多个部分并散布在多个硬件间。在对象存储中，数据会被分解为称为"对象"的离散单元，并保存在单个存储库中，而不是作为文件夹中的文件或服务器上的块来保存。文件存储也称为文件级存储或基于文件的存储，数据会以单条信息的形式存储在文件夹中，通过路径进行网络访问。

6. 安全技术

随着云计算的蓬勃发展，云应用在贴近和融入我们日常生活的同时，也给相关的安全管理工作带来了巨大挑战。随着云应用的不断丰富，各种应用系统漏洞也接连出现。为此，用户需要采用更全面、更专业的安全服务产品，构建纵深、立体的云安全防护体系。云计算安全可以为用户提供更加丰富和专业的安全服务，涵盖网络层、应用层、Web 应用、安全审计等多个层面，不仅包括传统安全产品防火墙、IPS、堡垒机等，还增加了 VPN 安全接入、服务器负载均衡、DDoS 防护等，以及 Web 应用防火墙、网页防篡改、网站安全监测等 Web 应用安全服务能力。

任务 7.2　了解云计算商业生态及应用

任务描述

2006 年，当亚马逊公司第一次将云存储作为服务售卖时，标志着云计算这种新商业模式诞生了，这是一种将 IT 资源作为服务去售卖的新型商业模式。例如阿里云，面向全球用户，提供包括云计算、数据库、大数据、人工智能、企业应用、物联网、开发者服务等多种高性能的云产品，助力用户低成本、快速、安全发展业务。

云服务器是最早出现也最核心的云产品，企业选购云服务器之前，需要分析企业对云服务器的信工需求，计算采购成本，也要考虑开发人员管理云资源所需的时间。做到这样才能不浪费资源及资金，除此之外，还可以从性能配置、价格、品牌等几方面进行考量。

任务目标

1. 了解主流云服务商及产品。
2. 了解主流云管理平台。
3. 了解云服务的应用场景。

> 小思考：如何选择合适的云服务器？云服务的应用场景又有哪些？

任务实现

典型工作环节 1　了解主流云服务商及产品

1. 私有云

国内私有云相关产品起步较晚，目前阿里云、华为云、易捷行云、华云数据、新华三等都有相关的商用私有云产品。国内私有云产品目前主要定位于中小型企业的云平台，无论是性能还是稳定性都有非常卓越的表现。

2. 公有云

公有云目前在国内市场已经开始普及，用户对象从大型的国际级企业到中小型企业乃至个人用户。通常用户可以在公有云平台上注册账户，根据自身的需求定制计算资源，如自行选择 CPU 核心的数量、内存的大小、硬盘空间及所用的操

电子活页 7-1

易捷行云和
新华三公司的
私有云产品

电子活页 7-2

作系统等，所定制的资源规格越高费用也相应越高。公有云通常会自动为用户提供可靠的保护机制，包括定期的数据备份、操作系统的快照等。公有云平台分为外资在境内合资运营的公有云平台及国内企业独立运营的公有云平台。

更多的公有云
厂商及产品

典型工作环节 2　了解主流云管理平台

云管理平台（Cloud Management Platform，CMP）即云平台，是具有集成工具的综合软件套件，企业可以使用它来监控和控制云计算资源。对于基于云的全面部署，用户面临的问题包括维护在线迁移的所有数据的完整性、可用性和安全性等。随着企业 IT 运营开始将功能和资源扩展到云中，企业希望现有 IT 环境具有相同的政策、程序、指导和愿景。基于云实施产生的所有问题的解决方案是云管理平台。它为编排和自动化提供了丰富的功能，还可以跨多个公有云和私有云以及虚拟服务器和裸机服务器进行操作、监控、管理、治理和成本优化。

1. OpenStack

OpenStack 是由 Rackspace 公司和 NASA 共同开发的云管理平台，其架构如图 7-7 所示。它由几个主要的组件组合起来完成具体工作。OpenStack 支持几乎所有类型的云环境，目标是提供实施简单、可大规模扩展、丰富、标准、统一的云管理平台。OpenStack 通过各种互补的服务提供了 IaaS 的解决方案，每个服务提供 API 以进行集成。

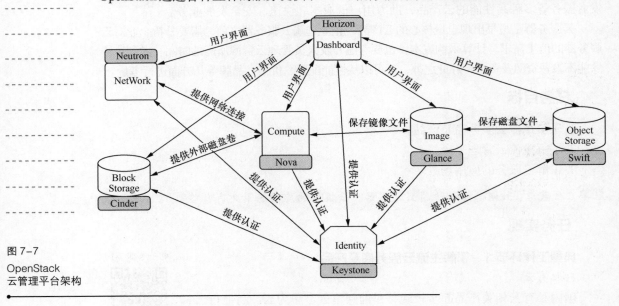

图 7-7
OpenStack
云管理平台架构

2. CloudStack

CloudStack 是 Citrix 公司在 IaaS 市场上的主打产品，它提供了对云计算资源的灵活部署与管理能力。2013 年，Citrix 公司将其源代码贡献给 Apache 软件基金会后，CloudStack 成为一个开源项目。CloudStack 是一个 IaaS 级的服务，提供了对资源的自动化管理能力。例如，用界面、脚本甚至 WebServiceAPI 实现对大量硬件、大量虚拟机的生命周期管理。

表 7-1 所示为 CloudStack 与 OpenStack 的对比。

表 7-1　CloudStack 与 OpenStack 的对比

平台名称	CloudStack	OpenStack
发行时间	2010 年	2010 年
主要支持公司	Apache 软件基金会	OpenStack 基金会、Red Hat、Canonical 等
核心组件	管理服务器、主存储、计算节点、二级存储	计算（Nova）、存储（Cinder/Swift）、网络（Neutron）等
编程语言	主要为 Java	主要为 Python
API 支持	RESTful API	RESTful API
支持的虚拟化技术	KVM、VMware、XenServer、Oracle VM 等	KVM、VMware、XenServer、Hyper-V、LXC 等
网络管理	基本网络、高级网络	SDN、VLAN、Flat 等
容器支持	有限	更广泛

笔记

3. VMware vSphere

VMware vSphere 是 VMware 公司推出的一套服务器虚拟化解决方案，VMware vSphere 中的核心组件为 VMware ESXi（取代原 ESX），VMware ESXi 是一款可以独立安装和运行在裸机上的系统，因此它不再依存于宿主操作系统。

安装好 VMware ESXi 之后，可以通过 vSphere Client 远程连接与控制，在 VMware ESXi 服务器上创建多个虚拟机，为这些虚拟机安装好 Linux/Windows Server 系统使之成为能提供各种网络应用服务的虚拟服务器。VMware ESXi 从内核级支持硬件虚拟化，运行于其中的虚拟服务器在性能与稳定性上不亚于普通的硬件服务器，而且更易于管理、维护。

典型工作环节 3　了解云服务的应用场景

云服务的常用场景如下。

1. 企业级或小型网站

网站初始阶段访问量小，只需要一台低配置的云服务器（Elastic Compute Service，ECS）即可运行 Apache 或 Nginx 等 Web 应用程序、数据库、存储文件等。随着网站发展，可以随时升级 ECS 的配置，或者增加 ECS 的数量，无须担心低配计算单元在业务突增时带来的资源不足。

2. 多媒体及高并发应用或网站

ECS 与对象存储服务（Object Storage Service，OSS）搭配，OSS 承载静态图片、视频或下载包，可降低存储费用，同时配合内容分发网络（Content Delivery Network，CDN）和负载均衡（Server Load Balancing，SLB），可大幅减少用户访问等待时间，降低网络带宽费用并提高可用性。

3. 高 I/O 要求的数据库

支持承载高 I/O 要求的数据库，如 OLTP 类型数据库及 NoSQL 类型数据库。可以使用较高配置的 I/O 优化型 ECS，同时采用 ESSD 云盘，实现高 I/O 并发响应和更高的数据可靠性；也可以使用多台中等偏下配置的 I/O 优化型 ECS，搭配 SLB，建设高可用底层架构。

4. 访问量波动剧烈的应用或网站

某些应用，如抢红包应用、优惠券发放应用、电商网站、票务网站等，访问量可能会在短时间内产生巨大的波动，可以配合使用弹性伸缩，自动化实现在请求高峰来临前增加 ECS，并在进入请求低谷时减少 ECS，以满足访问量达到峰值时对资源的要求，同时降低成本。如果搭配 SLB，还可以实现高可用应用架构。

5. 大数据及实时在线或离线分析

ECS 提供了大数据类型实例规格族，支持 Hadoop 分布式计算、日志处理和大型数据仓库等业务场景。由于大数据类型实例规格采用了本地存储的架构，ECS 在保证海量存储空间、高存储性能的前提下，可以为云端的 Hadoop 集群、Spark 集群提供更高的网络性能。

6. 机器学习和深度学习等人工智能应用

通过采用 GPU 计算型实例，可以搭建基于 TensorFlow 框架等的人工智能应用。此外，GPU 计算型实例还可以降低客户端的计算能力要求，适用于图形处理、游戏云端实时渲染、虚拟现实（Virtual Reality，VR）或增强现实（Augmented Reality，AR）的云端实时渲染等瘦终端场景。

任务 7.3　配置云计算管理平台

任务描述

随着云计算技术的不断发展，无论是在传统的行业，还是适应未来的物联网发展需求，都需要用到云计算。要对云计算的应用有更好的了解，就必须掌握云计算管理平台的配置。

云计算管理平台是一种软件工具，通过提供一系列功能，帮助企业轻松管理其云计算基础设施。这些功能包括自动化资源的分配、监控和管理，虚拟机的迁移和备份等。通过使用云计算管理平台，企业可以更好地利用云计算资源，提高业务的可靠性和性能，降低成本，云计算管理平台还支持企业快速响应业务需求。

任务目标

1. 配置合适的公有云服务。
2. 在物理服务器上配置云计算管理平台。

电子活页 7-3

如何选择适合自己的
云服务产品

> 小思考：我们应该如何选择适合自己的云服务产品？

任务实现

典型工作环节 1　配置公有云服务

云服务器是云计算服务平台的主要产品之一，阿里云服务器是目前国内云用户的常用云服务器产品。有些用户在购买阿里云服务器之前，由于不了解云服务器的详细情况，往往不知道该如何选择 CPU、内存、地域、镜像、安全组、带宽、购买时长等。下面就介绍如何购买一台阿里云服务器。

（1）注册阿里云账号并进行实名认证

要先注册阿里云账号，然后进行实名认证，才能购买阿里云服务器或其他云产

品。如果需要快速注册并实名认证，可以用支付宝账号扫码注册和登录，如图 7-8
所示。

图 7-8
登录界面

（2）进入云服务器产品页购买

注册好阿里云账号并领取阿里云代金券之后进入阿里云官网进行购买，在官网导
航栏依次选择"产品"→"弹性计算"→"云服务器 ECS"，即可进入各种型号和配
置的云服务器购买页面，如图 7-9 所示。

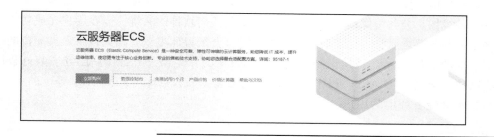

图 7-9
云服务器购买页面

（3）云服务器地域的选择

从目标客户群体所在地区出发，优先选择距离目标客户近的地域，如图 7-10
所示。如果用户在南方地区，一般选择华东 1 或华南 1 地域；华北 1 北京机房、青
岛机房适合用户群体在北方的情况；如果是西南的用户，选择西南地域的成都机房
即可。

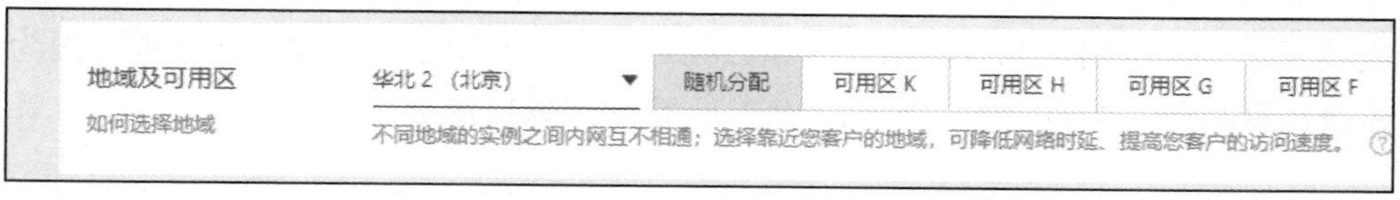

地域及可用区	华北 2（北京）▼	随机分配	可用区 K	可用区 H	可用区 G	可用区 F
如何选择地域	不同地域的实例之间内网互不相通；选择靠近您客户的地域，可降低网络时延、提高您客户的访问速度。					

图 7-10
选择地域

（4）实例规格配置的选择

个人博客、小型网站可选择 1 核或 2 核 CPU、2GB 内存、1～2Mbit/s 带宽的服
务器配置。

企业官网、图片展示型网站在线人数多、访问量大、带宽占用多，建议采用 2 核
CPU、4GB 内存、5Mbit/s 带宽的服务器配置。

笔记

　　门户型网站、财务软件网站、游戏服务器、小程序服务器（如流量较大的餐饮类小程序服务器）、大型网站的后端程序服务器建议使用4核CPU、8GB内存、10Mbit/s带宽的服务器。实例规格配置的选择如图7-11所示。

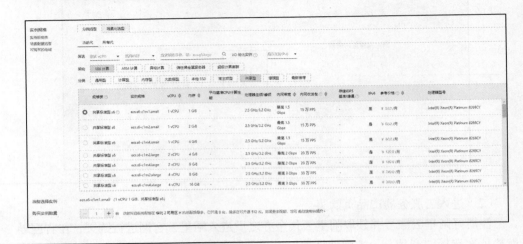

图 7-11
实例规格配置的
选择

（5）镜像的选择

　　镜像俗称操作系统，阿里云服务器有公共镜像、自定义镜像、共享镜像、镜像市场4种镜像。公共镜像是纯系统，即还未安装任何软件的系统，需要用户在成功购买阿里云服务器之后，自行安装相应软件，适合会配置环境或有相关技术人员支持的用户，如图7-12所示。镜像市场包括免费和付费的，是第三方合作商已经安装好程序支持语言环境（如ASP、PHP等）和其他工具（如数据库、FTP、IIS等）的系统，适合不会配置环境的用户。

图 7-12
镜像的选择

（6）存储的选择

　　阿里云服务器默认有40GB的系统盘，如图7-13所示。在购买阿里云服务器的时候一定要购买数据盘，系统盘和数据盘类似于台式计算机的C盘、D盘。C盘用于安装系统，D盘用于存放应用程序和数据。切记不要用系统盘来存放数据，因为一旦系统出现故障，数据就不易找回，将数据存放到数据盘会更安全。

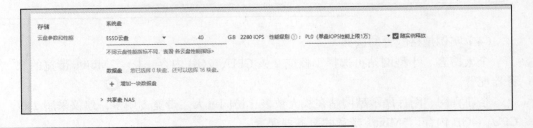

图 7-13
存储的选择

（7）带宽的选择

带宽有包年包月和按量付费两种选项：包年包月适合长期运行的业务，如Web 网站，如图 7-14 所示；按量付费是按照流量计费，能够有效节省带宽费用，不过这需要阿里云账号随时有余额，否则会停止外部访问，也就是公网无法访问。按量付费适合项目测试、存放代码、程序测试之类的短期运行业务或流量需求不确定的场景，如某段时间内会因为做活动或推广导致流量短期内迅速增加的场景。

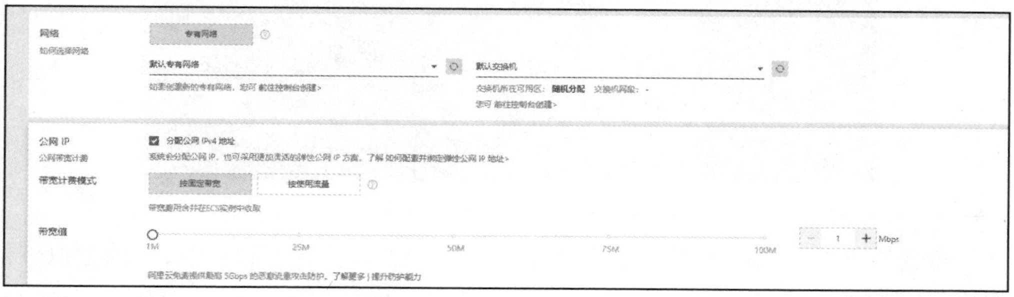

图 7-14
带宽的选择

（8）安全组的选择

安全组是保护云服务器安全的重要措施，阿里云服务器的安全组默认会打开80、443、22、3389 等端口：80 和 443 用于访问网站，22 是文件传送协议（File Transfer Protocol，FTP）默认端口，3389 用于 Windows 远程桌面登录，如图 7-15所示。

如果出现购买阿里云服务器之后无法远程连接的情况，很有可能是因为 3389 之类的远程连接端口没开。

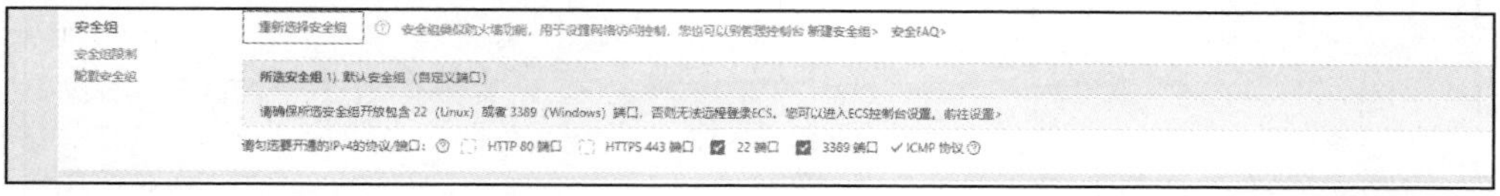

图 7-15
安全组的选择

（9）购买时长的选择

购买时长可以按月、包年购买，如图 7-16 所示。如果服务器需要备案就至少购买 3 个月时长，时长低于 3 个月的阿里云服务器是无法备案的。

图 7-16
购买时长的选择

典型工作环节 2　配置云计算管理平台

这里以 VMware ESXi 云计算管理平台为例讲解配置方法，默认已经部署系统。

1. 访问 VMware vSphere 的 Web 管理后台

连网之后，通过配置的静态 IP 地址可以访问 VMware vSphere 的 Web 管理后台，如图 7-17 所示，输入用户名和密码进登录。

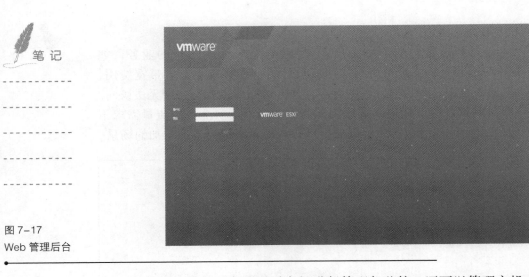

图 7-17
Web 管理后台

通过 Web 管理后台可以对主机进行管理与监控，还可以管理主机中的虚拟机，如图 7-18 所示。

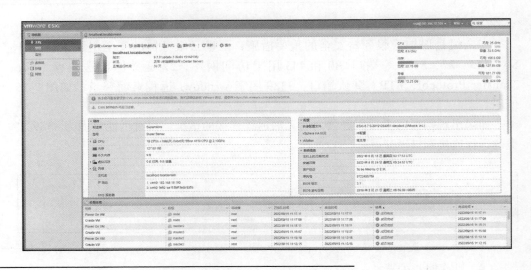

图 7-18
对主机进行管理
与监控

2. 在 VMware vSphere 中创建虚拟机

（1）安装系统镜像到 VMware vSphere 中的方法为：选择"存储"→"数据存储浏览器"→"上载"，然后选择本机下载好的镜像，如图 7-19 所示。

图 7-19
上传镜像

（2）上传完毕就可以看到该镜像了，如图 7-20 所示。

图 7-20
查看镜像

（3）单击"虚拟机"→"创建 / 注册虚拟机"按钮，单击"下一页"按钮开始创建，如图 7-21 所示。

图 7-21
创建虚拟机

（4）选择"创建新虚拟机"，单击"下一页"按钮，如图 7-22 所示。

图 7-22
创建新虚拟机

（5）在"选择名称和客户机操作系统"页面中输入虚拟机名称、系统版本等信息后，单击"下一页"按钮，如图 7-23 所示。

笔 记

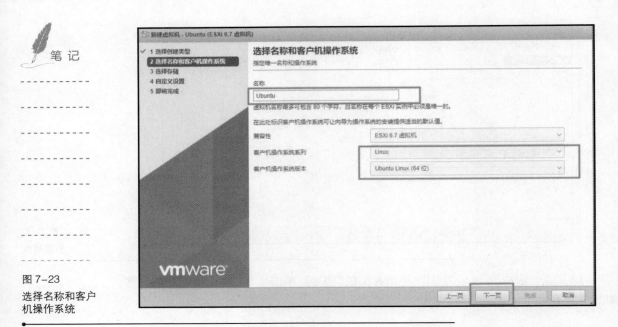

图 7-23
选择名称和客户
机操作系统

（6）在"选择存储"页面中，自定义的存储容量为 32.5GB，如图 7-24 所示。

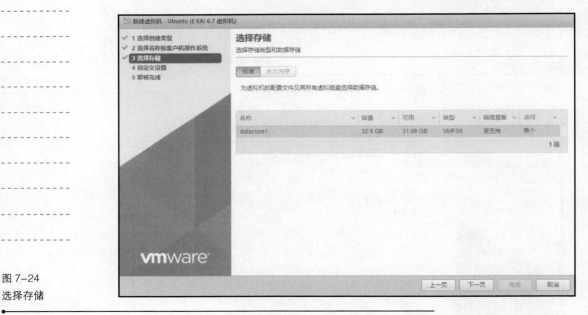

图 7-24
选择存储

（7）在"自定义设置"页面中，设置虚拟机的 CPU、内存、硬盘等信息，设置完成后单击"下一页"、"完成"按钮即可，如图 7-25 所示。

小提示：这里需要在"CD/DVD 驱动器 1"下拉列表中选择"数据存储 ISO 文件"，然后选择在第 1 步中上传的虚拟机。

（8）虚拟机创建完成之后，就可以在虚拟机板块中看到新建的虚拟机了。选中该虚拟机单击"打开电源"按钮启动虚拟机，如图 7-26 所示，开始虚拟机操作系统的安装。

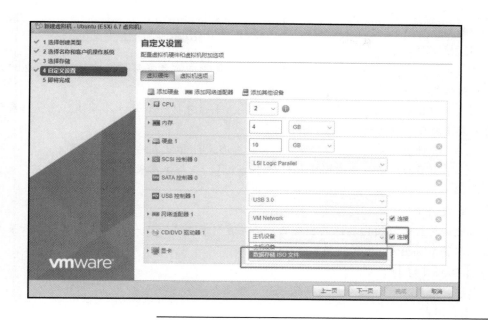

图 7-25
自定义设置

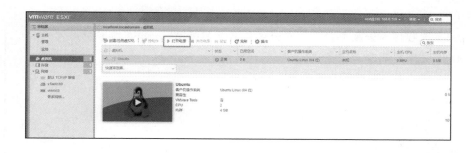

图 7-26
启动虚拟机

任务 7.4　练习

1. 选择题

（1）云计算是对（　　）技术的发展与运用。

A. 并行计算　　　　　　　　　　B. 网格计算

C. 分布式计算　　　　　　　　　D. 以上全部

（2）下列（　　）不属于云计算的特点。

A. 动态可扩展　　　B. 性价比高　　　C. 高速性　　　　　D. 可扩展性

（3）将基础设施作为服务的云计算服务类型是（　　）。

A. IaaS　　　　　　　B. PaaS　　　　　C. SaaS　　　　　　D. 以上都不是

（4）云计算服务类型中的 IaaS 是指（　　）。

A. Information as a Service　　　　B. Infrastructure as a Service

C. Influence as a Service　　　　　D. Instruction as a Service

（5）阿里云提供的云计算服务类型是（　　）。

A. IaaS　　　　　　B. SaaS　　　　　　C. PaaS　　　　　　D. 以上都是

2. 填空题

（1）（　　）与 SaaS 不同，这种"云"计算形式把开发环境或者运行平台也作为一种服务提供给用户。

（2）Windows Azure 属于（　　）模式，平台包括一个云计算操作系统和一系列为开发者提供的服务。

（3）云计算是对（　　）、网格计算和分布式计算技术的发展与运用。

（4）大多数学者以及工程技术人员将云计算的 3 层体系架构分为（　　）、（　　）、（　　）。

3. 实训题

使用阿里云或国内其他的公有云，用按量付费模式采购一台云服务器，在云服务器上部署 WordPress 博客应用。

【实训目的】

学会使用公有云采购云服务器。

【实训内容】

（1）注册公有云账号。

（2）按需采购一台云服务器。

（3）远程接入云服务器，并在云服务器上部署 WordPress 博客应用。

（4）关闭并删除云服务器。

学习单元 8　现代通信技术基础

学习目标

【知识目标】

1. 识记：通信技术、现代通信技术、移动通信技术、5G 等概念，掌握相关的基础知识。

2. 领会：现代通信技术的发展历程及未来趋势。

【能力目标】

1. 熟悉现代通信技术的特点和应用场景。

2. 掌握移动通信技术中的传输技术、组网技术等。

3. 掌握 5G 的关键技术、网络架构、部署特点及应用场景。

【素质目标】

1. 能够针对各类通信工程领域实施的具体环境和管理条件，理解和运用通信技术、移动通信技术和 5G 相关理论等多学科知识，解决通信领域工程问题；具有良好的人文科学素养、团队合作能力和较强的社会责任感。

2. 能在企业与工程环境下，从事通信系统或相关测试系统集成、运营与维护等复杂的工程活动；能够研究和分析复杂问题，设计或开发解决复杂问题的方案；能够评估复杂活动的效果和影响，表现出较强的判断力。

单元导读

现代社会的快速发展推动了通信技术的飞跃式进步，可以说通信技术和通信产业是 20 世纪中后期发展最为迅猛的领域之一，这也被认为是人类进入信息社会的重要标志。

通信技术是实现人与人之间、人与物之间、物与物之间的信息传递的一种技术。现代通信技术将通信技术与计算机技术、数字信号处理技术等新技术相结合，具有数字化、综合化、宽带化、智能化和个人化的特点。现代通信技术是大数据、云计算、人工智能、物联网、虚拟现实等信息技术发展的基础，以 5G 为代表的现代通信技术是我国新型基础设施建设的重要领域。

为了让大家尽快熟悉并掌握现代通信主流技术，本单元制订了如下任务。

1. 初识现代通信技术。

2. 了解移动通信技术。

3. 了解 5G 的相关技术。

任务 8.1　初识现代通信技术

任务描述

通信技术及其相关产业是近些年来发展最为迅速的领域之一。以光纤通信、卫星通信、移动通信等为代表的现代通信技术已经迅速融入社会的各行各业，不仅极大地丰富了人们的物质文化生活，如网络聊天、电子邮件、视频直播、移动支付等，而且有力地推动了社会生产力及生产方式的转型和发展，如远程医疗、智慧物流、电子政务、智慧工厂等。现代通信技术已然成为国民经济建设的新型基础设施，充分体现着一个国家的科技水平和综合国力。

任务目标

1. 了解通信与通信系统的基本概念。
2. 掌握现代通信的相关技术。
3. 熟悉现代通信技术的发展历程。
4. 了解现代通信技术的发展趋势。

小思考：我们目前在工作、学习和生活中涉及哪些通信领域的应用场景？具体采用了什么类型的通信技术？

任务实现

电子活页 8-1

典型工作环节 1　了解通信与通信系统的基本概念

所谓通信，最基本的理解就是人与人沟通的方法。无论是电话，还是网络，解决的最基本的问题也是人与人的沟通。现代通信技术就是采用新的技术来不断优化各种通信方式，让人与人的沟通变得更便捷、有效。这是一门系统的学科，目前热门的 5G 就是其中的重要课题。

通信系统的结构和各部分的作用

通信实际上是由一地向另一地传送含有信息的消息，传送的消息具有不同的形式，如符号、文字、语言、图像、数据等。根据所传送消息的不同类别，通信业务可分为电话电报、数据传输及可视电话等。

通信系统大体由 3 部分组成：发送端（信源和发送设备）、接收端（信宿和接收设备）和传输介质。其结构框图如图 8-1 所示。

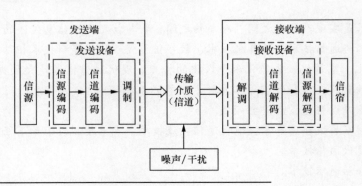

图 8-1
通信系统结构框图

笔 记

典型工作环节 2　掌握现代通信的相关技术

1. 有线通信技术

有线通信的传输介质一般由金属或玻璃组成，它可以用来在网络间传递信息。当前常用的有线传输介质有双绞线和光纤电缆（光纤）两种，如图 8-2 所示。

（a）双绞线　　　　　　　　　　　　　（b）光纤

图 8-2
有线传输介质

双绞线通信技术是目前互联网中使用频率较高的一种传输技术。一般情况下，网线在塑料绝缘外皮里面包裹着 8 根信号线，它们每两根为一对地相互缠绕并相互绝缘，也称为双绞线，总共形成 4 对。双绞线两端与 RJ45 水晶头相连的。双线缆分为有屏蔽双绞线（Shielded Twisted Pair，STP）和非屏蔽双绞线（Unshielded Twisted Pair，UTP）两种，常用的是 UTP。双绞线这样互相缠绕的目的就是利用铜线中电流产生的电磁场互相作用抵消邻近线路的干扰并减少来自外界的干扰，抑制电缆内信号的衰减。目前市面上主要使用的双绞线有：五类网线，支持"百兆"的传输速率，最高传输速率是 100Mbit/s；超五类网线，是目前市面上流通的"主力军"，超五类网线比五类网线的衰减更小，抗干扰能力更强；六类网线，提供了 200MHz 的综合衰减对串扰比和整体 250MHz 的带宽，六类网线被称作"吉比特网线"，其传输性能远高于超五类网线；超六类网线，是六类网线的改进版，在串扰、衰减、信噪比等方面做了很大的改善；七类网线，是一种屏蔽双绞线，每一对线都有一个屏蔽层，4 对线一起又有一个公共的屏蔽层，传输速率可达 10Gbit/s，主要用于 10 吉比特网。

光纤通信技术是利用光纤作为传输介质，以光信号作为信息载体的一种通信技术。它比传统的电缆具有更高的传输速率、更大的容量、更长的传输距离、更强的抗干扰能力和更高的可靠性。光纤通信技术的核心部件有：光源、放大器、滤波器、光缆（光纤）和光学探测器等。光源的作用是产生传输信息所需的光信号，放大器用于将信号调节到所需的电平，滤波器用于滤除光源产生的噪声，光学探测器用于接收发射的光信号，并将其转换为电信号。光缆作为信号传输的介质，主要由纤芯、包层和涂敷层构成。纤芯由高度透明的材料制成，通常是玻璃纤维，也可以是硅酸盐纤维或者是碳纤维，一般直径为几十微米或几微米。包层的折射率略低于纤芯，其作用是提供反射面或光隔离，同时起到一定的机械保护功能。涂敷层的作用是保护光纤不受水气侵蚀及机械擦伤，同时增加光纤的柔韧性。

光纤通信在现代通信领域越来越受到重视，它不仅可以实现高速的数据传输，而且具有很高的可靠性。光纤通信技术可以用于室内外的网络通信，还可以用于宽带客户端、数据中心、移动设备的传输系统等。目前，光纤通信技术已经成为支撑信息社会的骨干技术之一，在通信系统等诸多领域发展迅猛。从总体趋势来看，光纤通信系统及网络技术将向超大容量、智能化、集成化的方向发展，未来必将成为构建信息社会的主要技术之一。

2. 无线通信技术

（1）蓝牙（Bluetooth）技术以近距离无线连接为基础，实现主设备和其他设备之间的连接，如图 8-3 所示。蓝牙技术可以实现近距离数据的无线传输和通信，可用于对等网络（P2P）和多点网络（MPN）。蓝牙技术的覆盖范围从几米到几十米不等，可以在低功耗设备（如手机、耳机和其他可穿戴设备）之间实现高性能的数据传输，同时也可以与其他无线技术如 Wi-Fi 和射频识别技术等共同使用，以满足不同的需求。蓝牙技术是一种基于许可的无线技术，它可以确保信息的安全性和隐私性，并且可以提供多种保密机制，以确保数据传输的安全性。另外，蓝牙技术还可以提供路由功能，帮助用户进行设备定位，并且快速建立连接。

图 8-3
蓝牙技术

（2）Wi-Fi（Wireless Fidelity）基于电气电子工程师协会（Institute of Electrical and Electronics Engineers，IEEE）所制定的 802.11 标准协议；通过无线电波传输的方式，实现文本、图像、视频、音频等数据的发送和接收。Wi-Fi 无须使用网线连接，覆盖范围约为 100m，极大地提高了数据传输的实用性和便捷性；同时，它传输速度快、成本低，节省了网络布线的费用。其典型应用场景如图 8-4 所示。Wi-Fi 也可以用于实现移动网络，允许用户在无线网络范围内自由移动，缺点是传输的安全性较低、功耗较大，需要网络设备有较多的电能做储备。Wi-Fi 还可以实现多种应用，如现场视频会议、远程教育、虚拟专用网络（Virtual Private Network，VPN）等。

Wi-Fi 经过不断的技术升级与改进，现已衍生出了 5 个版本的标准（IEEE 802.11a/b/g/n/ac），对应的分别是 Wi-Fi 1/2/3/4/5。随着 IEEE 802.11ax 标准发布，Wi-Fi 标准名称定义为 Wi-Fi 6。Wi-Fi 6 在性能上得到了跨越式提升，带宽和并发用户数相比 Wi-Fi 5 提升了 4 倍，并且时延更低、更节能。Wi-Fi 6 的设计目的就是应对高密度无线接入和高容量的无线业务，如室外大型公共场所、高密场馆、室内高密无线办公、电子教室等场景。

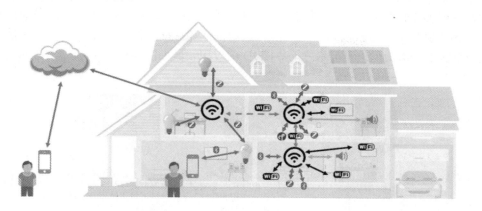

图 8-4
Wi-Fi 的典型
应用场景

（3）ZigBee 是基于 IEEE 802.15.4 标准的低功耗、低成本、短距离的无线组网通信技术，它可以在家庭、工业和商业控制系统中实现自动化、无线传感网、安全和家庭控制等应用，如图 8-5 所示。ZigBee 采用蜂窝网络架构，组网时基站节点和终端节点分别作为网络协调器和叶子节点，网络协调器维护网络的运行状态，叶子节点主要完成数据采集和相关控制功能。ZigBee 支持多种应用场景，如点对点（Peer-to-Peer，P2P）和点对多点（Point to MultiPoint，P2MP）通信，支持物理层、数据链路层和网络层的协议，具有低功耗、低成本、低复杂性、高可靠性、快速组网等优点，能够有效实现节点之间的高效通信。ZigBee 的网络层协议支持多种网络拓扑结构，支持路由、发现、安全性等多种功能，可以满足各种复杂的应用场景。ZigBee 支持多种应用层协议，如 ZigBee 控制和管理协议（ZigBee Control and Management Protocol，ZCMP）、ZigBee 设备对象（ZigBee Device Object，ZDO）协议、网关服务协议（Gateway Service Protocol，GSP）、应用程序协议（Application Protocol，AP）等，可以为物联网系统提供可靠的基础架构。

图 8-5
ZigBee 的应用

（4）射频识别（Radio Frequency Identification，RFID）技术是自动识别技术的一种，通过无线射频方式进行非接触双向数据通信，利用无线射频方式对记录媒体（电子标签或射频卡）进行读写，从而达到识别目标和数据交换的目的，其被认为是 21 世纪最具发展潜力的信息技术之一。RFID 的应用领域如图 8-6 所示。

供货商	配送中心	仓储
货品箱和货盘附加RFID标签	在物流中心的收货端，货品通过时由RFID识别器自动完成盘点登记，并输入物流中心数据库	货物被放置在传送带上，物流中心按照不同配送地区所需的货品种类和数量进行配货，过程中无须人工干预

图 8-6
RFID 的应用
领域

3. 卫星通信技术

卫星通信技术（Satellite Communication Technology）是一种利用人造地球卫星作为中继站来转发无线电波而进行的两个或多个地球站之间通信的技术，如图 8-7 所示。自 20 世纪 90 年代以来，卫星移动通信的迅猛发展推动了无线通信技术的进步。卫星通信具有覆盖范围广、通信容量大、传输质量好、组网方便迅速、便于实现全球无缝链接等众多优点。

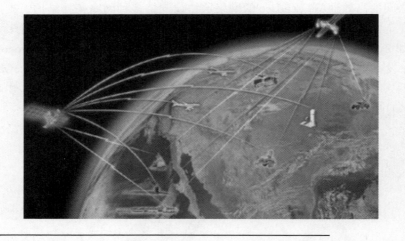

电子活页 8-2

卫星通信的
应用案例

图 8-7
卫星通信技术

地面通信难以实现全球覆盖，例如在沙漠、远洋、山区等偏远地区，传统的地面通信铺设难度大，而且运营成本高，网络延伸及覆盖存在现实障碍。卫星通信能够有效解决地面通信覆盖不足等问题，具有广阔的市场需求。卫星通信对海洋作业、极地科考、航空航天、灾难应急、军事国防等应用场景的作用重大，发展卫星通信拥有极其重要的战略意义。

典型工作环节 3　熟悉现代通信技术的发展历程

通信技术的发展大致分为 3 个阶段：第一个阶段是以语音和文字形式进行信息的传递，在这个阶段，信息的传递形式比较单一，信息的内容也比较简单；第二个阶段是电信通信阶段，这个阶段最主要的成就是莫尔斯（Morse）发明电报机并设计莫尔斯电报码，以及贝尔（Bell）发明了电话机，这两项重要的发明使得远程通信技术变成了现实，堪称是通信技术发展历程中的里程碑；第三个阶段是电子信息通信阶段，这个阶段就是各种电子通信技术不断被发明出来，点对点通信所需的全部设施都被构建起来。现代通信技术主要包含数字通信技术、程控交换技术、信息传输技术、数据通信技术与数据网技术、综合业务数字网（Integrated Service Digital Network，ISDN）技术、异步传输方式（Asynchronous Transfer Mode，ATM）技术、宽带 IP 技术、接入网与接入技术等。

典型工作环节 4　了解现代通信技术的发展趋势

基于现代通信技术的发展历程，再考虑到市场需求的导向作用，未来通信技术的发展将具备以下特点。

1. 数字化

现代通信中传递和交互的基本上都是数字化的信息，如图 8-8 所示。随着数字通信网速率的加快、传输质量的提高、网络延迟的降低，数字化仍会是现代通信技术主要的发展趋势之一。如今，5G、人工智能、区块链技术开始落地应用，在现有数字化的固定和移动通信网基础上，"数字化新世界"已经拉开序幕，新模式、新生态将开启人类的美好生活与未来。

图 8-8
现代通信技术的
数字化

2. 综合化

现代通信技术的综合化发展是当今社会信息化发展的重要内容，它是指将多种通信技术、网络技术、信息技术、系统技术等综合起来，以满足社会的信息需求，实现信息的安全、可靠、高效、快捷的传输，如图 8-9 所示。按照通信技术目前的发展现状看，传真、电子邮件、交互式可视图文，以及数据通信的其他各种增值业务等都在迅速发展。一种业务对应一种专用通信网的方式，投资大、效益低，多种独立网并存不易管理且无法实现资源共享，如果把各种通信业务以数字方式统一并综合到一个网络中进行传输、交换和处理，就可以克服上述弊端，达到一网多用的目的。现代通信的综合化发展，将为社会的信息化发展提供重要的技术支持，为人们的生活提供更加便捷的信息服务。

笔记

图 8-9
现代通信技术的
综合化

3. 融合化

融合化也是现代通信技术的显著特点，如图 8-10 所示。以电话网络为代表的电信网络、以互联网为代表的数据网络以及广播电视网络正在互相渗透、互相作用，逐步走向综合与融合，IP 数据网与光网络的融合、无线通信与互联网的融合等也是通信技术下一步发展的趋势和方向。未来将形成以智能多媒体信息服务为特征的"天地一体"化的大规模智能信息网络。这种新型融合化网络，将改变人们的生产方式、工作方式、学习方式、决策方式、合作方式、娱乐方式、生活方式乃至思维方式，从而带来一场信息革命。

图 8-10
现代通信技术的
融合化

4. 宽带化

通信网络的宽带化是现代通信技术发展的基本特征、现实要求和必然趋势。宽带化技术可以提供高速数据传输、高速文件传输、可视电话、会议电话、可视图文、高清晰度电视以及多功能终端等新业务，随着技术的发展，其应用的范围也越来越广泛，宽带化是未来通信技术的重点发展趋势之一。近年来，几乎在网络的所有层面（如接入层、边缘层、核心交换层）都在开发高速技术，高速选路与交换、高速光传输、宽带接入技术都取得了重大进展。超高速路由交换、高速互连网关、超高速光传输、高速无线数据通信等新技术已成为新一代信息网络的关键技术。

5. 智能化

现代通信产业经过近几十年的快速发展，各方面的技术已日趋成熟，近乎达到行业自身发展的瓶颈期。但随着云计算、人工智能等技术的蓬勃发展，智能化已经成为各行各业的必然趋势，如图 8-11 所示。现代通信技术也将由后自动化时代转向智能化，基于人工智能的机器学习、深度学习等算法在通信网络设计、分析用户反馈、提高网络系统安全性等方面的应用，会使电信行业在技术上再次取得重大突破。实现通信技术与智能化技术的有效融合，能够营造更为良好的通信环境，使通信网能更迅速、更经济地向用户提供所需要的各类电信新业务，为人们的生活与工作提供便利条件。在现代通信技术的下一步发展中，需要对智能化技术进行分析，以更好地应对当前通信产业的发展需求，推动现代通信产业的进步。

笔 记

图 8-11
现代通信技术的
智能化

6. 个人化

随着人们流动性的增加，移动通信的使用越来越广泛，技术发展也非常快。从无绳电话、寻呼机到蜂窝式移动电话，再到移动数据通信，通信业务的个人化把通信从"服务到家庭"推向"服务到个人"，做到任何人、任何时间、任何地点进行各种业务（话音、数据、视频等）的通信，如图 8-12 所示。为了实现更大的覆盖，除了地面通信网络，卫星移动通信也在向个人化商用方向发展。目前，个人通信的一些核心技术，如无线传呼系统、公用无线电话系统、数字蜂窝移动通信、高 / 中 / 低轨移动卫星通信系统等，都已经取得了显著的突破并进入实用和普及阶段。

图 8-12
现代通信技术的
个人化

任务 8.2　了解移动通信技术

任务描述

移动通信是无线通信的现代化技术，是满足人们在任何时间、任何地点与任何人进行通信服务愿望的必经之路。移动通信广泛应用于社会生活的各个领域，如共享单车、移动支付、短视频、微信消息、视频电话等，这一切都离不开移动通信技术的支撑。随着人们对移动通信应用需求的不断提升，更高质量、更低成本、更丰富的服务是移动通信技术的发展目标。移动通信技术发展至今已经历了 4 个阶段（1G/2G/3G/4G），新一代（5G）的建设与应用也处在高速发展进程当中。移动通信为人们提供了灵活、可靠、畅通的交流方式，已成为人们生活中不可或缺的组成部分。

任务目标

1. 了解移动通信技术的基本概念。
2. 熟悉移动通信技术的发展历程。

任务实现

典型工作环节 1　了解移动通信技术的基本概念

早期的通信形式属于固定点之间的通信，随着人类社会的发展，信息传递日益频繁，移动通信正是因为具有信息交流灵活、经济效益明显等优势，得到了迅速的发展。移动通信就是在运动中实现的通信，或者说是双方或至少有一方处于运动中进行信息交换的信息体制。其最大的优点是可以在移动的时候进行通信，方便、灵活。其缺点也比较明显：一是无线传播环境比较复杂，存在外部干扰和自身干扰（互调干扰、邻道干扰和同频干扰等）；二是由于频谱资源有限、频谱利用率不高等因素导致信道容量有限；三是通信系统结构复杂，对通信终端的性能要求较高。

移动通信存在多种分类方式，常见的有以下几种：一是按照使用对象分类，分为军用通信系统、民用通信系统；二是按照通信环境分类，分为地面通信系统、海域通信系统；三是按照多址方式分类，分为频分多址（Frequency Division Multiple Access，FDMA）、时分多址（Time Division Multiple Access，TDMA）、码分多址（Code Division Multiple Access，CDMA）；四是按照空间覆盖范围分类，分为局域网、广域网等；五是按照业务范围分类，分为数据网、综合业务网等；六是按照服务范围分，分为公用网、专用网；七是按照工作方式分类，分为半双工、双工、全双工等；八是按照信号类型分类，分为数字网、模拟网等。

典型工作环节 2　熟悉移动通信技术的发展历程

移动通信技术经历了 5 个发展阶段，如图 8-13 所示。

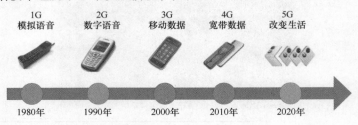

图 8-13
移动通信技术的发展

1. 1G 时代：语音

1986 年，第一套移动通信系统在美国诞生。该系统采用模拟信号传输，采用调频（Frequency Modulation，FM）方式将介于 300 ～ 3400Hz 的语音调制到高频的载波频率（800/900MHz）上。1G 时代的移动通信技术只能支持语音业务，且语音质量低、信号不稳定、涵盖范围不够广泛，因此没有被广泛普及，主要使用群体是商务人士。图 8-14 所示为 1G 时代的移动电话（摩托罗拉）。1999 年国内的 A 网和 B 网被正式关闭，2G 时代到来。

图 8-14
1G 时代的移动
电话（摩托罗拉）

2. 2G 时代：短信、彩信

2G 时代语音的品质较佳，比 1G 时代多了数据传输服务，数据传输速率为 9.6 ～ 14.4kbit/s，最早的文字短消息也从此开始。

2G 时代也是移动通信标准争夺的开始，GSM 脱颖而出成为使用最广泛的移动通信制式之一。早在 1989 年欧洲就以 GSM 为通信系统的统一标准并正式商业化，诺基亚成为当时全球最大的移动通信商之一，如图 8-15 所示。

图 8-15
2G 时代的移动
电话（诺基亚）

3. 3G 时代：图片、视频、海量 App

随着人们对移动网络需求的不断加大，3G 时代必须制定出新的标准，提供更高的数据传输速率。在 3G 时代，有了高频宽和稳定的传输，可视电话和大量数据的传送开始普及，移动通信出现更多样化的业务服务。3G 时代的智能电话如图 8-16 所示。支持 3G 网络的平板电脑也是在这个时候出现的，苹果、三星和华为等公司都推出了一大批优秀的平板产品。我国于 2009 年 1 月 7 日颁发了 3 张 3G 牌照，分别是中国移动的 TD-SCDMA、中国联通的 WCDMA 和中国电信的 WCDMA2000。

2007
the first
iPhone

图 8-16
3G 时代的智能
电话（苹果）

4. 4G 时代：移动互联网时代

4G 指第四代移动通信技术，集 3G 与无线局域网（Wireless Local Area Network，WLAN）技术于一体，如图 8-17 所示。4G 系统能够以 100Mbit/s 的速度下载，上传的速度也能达到 20Mbit/s。2013 年 12 月，我国颁发了 4G 牌照。如今 4G 网络的覆盖非常广泛，支持 TD-LTE、FDD-LTE 的手机、平板产品越来越多，支持通话、网络功能的 Android、macOS 终端设备也逐渐普及。

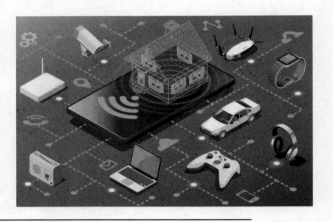

图 8–17
移动互联网时代

小思考：我们的日常生活中涉及哪些移动通信技术，移动通信技术到目前经历了几代的发展？

电子活页 8-3

移动通信技术
发展

任务 8.3　了解 5G 的相关技术

任务描述

移动通信技术从 1G 发展到 4G，每一次技术的革新都对产业升级和社会进步起到巨大的推动作用。3G 和 4G 的大规模部署，使移动通信业务急剧增长，这给现有的移动通信网络在能源消耗、系统容量、频谱资源等方面带来一系列的挑战。为了解决这些难题，5G 成为全球移动通信领域研究的新焦点。5G 作为新一代移动通信技术，不仅要为"人与人"之间的通信提供服务，还着眼于实现"物与物"之间的通信。5G 具有大带宽、低时延、高可靠、大连接的特点，可为人们提供虚拟现实、增强现实等极致业务体验。随着 5G 商用部署和规模化应用的持续推进，5G 将成为支撑经济社会数字化、网络化、智能化转型的新型基础设施。

任务目标

1. 了解 5G 网络的特点。
2. 了解 5G 网络架构及关键技术。
3. 熟悉 5G 网络的应用场景。

4. 了解 5G 网络规划的流程。

笔 记

小思考：每一次移动通信技术的跃迁对产业升级和社会进步起到怎样的推动作用？ 3G 和 4G 网络的大规模部署使移动通信业务急剧增长，这给现有的移动通信网络带来哪些挑战？

任务实现

典型工作环节 1　了解 5G 的特点

5G 即第五代移动通信技术。国际电信联盟将 5G 应用场景划分为移动互联网和物联网两大类。5G 呈现出低时延、高可靠、低功耗的特点，已经不再是单一的无线接入技术，而是多种新型无线接入技术和现有无线接入技术（4G 后向演进技术）集成后的解决方案总称。5G 的主要特点如下。

1. 高速率

相比于 4G 网络，5G 网络有更快的速度，5G 的基站峰值要求不低于 20Gbit/s，当然这个速度是峰值速度，不是每一个用户的体验。随着新技术的使用，这个速度还有提升的空间。4G 网络把数据传输速率从 6Mbit/s 提升到 1Gbit/s，而 VR 需要 150Mbit/s 以上的带宽才能实现高清传输，VR 产业可借助 5G 技术实现突破。5G 网络的高速率还可支持远程医疗和远程教育等从概念转向实际应用。

2. 泛在网

3G 和 4G 时代使用的宏基站功率大、体积大，不能密集部署，从而导致近距离信号强，远距离信号弱。5G 时代将使用微基站（即小型基站），采用"宏 + 微"站立体组网方案。该方案具有部署快且设备质量轻、易安装、外观美等优点，能够达到降低站址获取难度、降低建站成本等目的，并能解决深度覆盖及容量问题。微基站主要应用于覆盖末梢通信，使任何角落都能连接网络信号，与现网宏站形成密集组网，可有效提升用户体验，并面向未来储备站点资源，为网络覆盖和容量提升提供了有效的解决方案。

3. 低功耗

5G 网络要支持大规模物联网应用，必须考虑低功耗需求，可以采用高通公司的增强型机器类型通信（enhanced Machine Type Communication，eMTC）和华为公司的窄带物联网（Narrow Band Internet of Things，NB-IoT）作为技术支撑。5G 网络的低功耗特性使设备可以长时间不换电池，大部分物联网设备可以一周充一次电，甚至一个月充一次电，这不仅有利于各种设备的大规模部署，还能大大改善用户体验，促进物联网产品的快速普及。

4. 低时延

3G 网络时延约 100ms，4G 网络时延为 20 ～ 80ms，5G 网络时延下降到 2 ～ 10ms。5G 网络超低延迟的优势不仅体现在网络上，还能让游戏、VR、生产制造、远程医疗、自动驾驶等领域受益。

5. 万物联网

移动通信基于蜂窝通信，现在一个基站只能连接 400 ～ 500 部手机。预测 2025 年，我国将有 100 亿个移动通信终端。接入的终端不再以手机为主，还会扩展到日常生活中的其他产品，如冰箱、空调、电线杆、垃圾桶等个人或公共设施。

6.重构安全机制

传统网络的安全机制相对薄弱，因此 5G 网络的首位要求就是安全。5G 网络建设起来后如无法重新构建安全体系，将会产生巨大的破坏力。例如，无人机驾驶系统、自动驾驶系统、智能医疗健康系统被攻破控制，所带来的安全问题是不可想象的。5G 网络应该在基础构建时就着重考虑安全问题，综合分析大数据、云计算和人工智能技术的发展，统筹解决各方面的安全隐患。

典型工作环节 2　了解 5G 网络架构及关键技术

1. 5G 网络频段资源划分

根据第三代合作伙伴计划（3rd Generation Partnership Project，3GPP）规定，5G 网络的总体频谱资源划分成了图 8-18 所示的两个频段：一个是 FR1-Sub 6G 低频频段（450MHz ～ 6GHz），该频段频率低，信号绕射能力强，覆盖范围大，是当下的主流频段，其中低于 3GHz 的部分，涵盖了目前使用的 2G、3G、4G 频谱，可以实现较低成本的快速部署，我国三大运营商所使用的 5G 频段就是 FR1-Sub 6G；另一个是 FR2- 毫米波频段（24 ～ 52GHz），这是 5G 网络的扩展频段，频谱干净，干扰较小，最大支持 400Mbit/s 的带宽，5G 网络的峰值速率（20Gbit/s）也是基于 FR2 的超大带宽，使用 FR2 频谱的信号绕射能力弱，覆盖范围小，需要建设更多的基站。

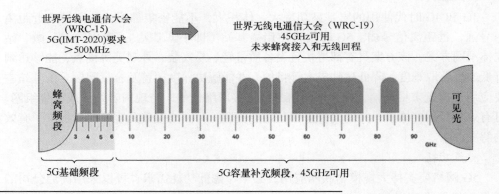

图 8-18
5G 网络的全频谱接入

2. 5G 网络架构

相比于传统的 4G 网络，5G 网络架构采用了原生适配云平台的设计思路、基于服务的架构和功能设计提供更泛在的接入、更灵活的控制和转发以及更友好的能力开放。5G 网络架构包含 3 朵“云”，即灵活的接入云，智能、开放的控制云，高效、低成本的转发云，如图 8-19 所示。

（1）接入云：实现接入控制与承载分离，完成接入资源的协同管理。5G 网络的接入云是一个多拓扑形态、多层次类型、动态变化的结构，可针对各种业务场景选择集中式、分布式和分层式部署，可通过灵活的无线接入技术，实现高速率接入和无缝切换，提供极致的用户体验。

（2）控制云：集中控制中心，控制接入云与转发云，网元功能虚拟化、模块化、可重构，支持网络能力开放，可根据业务场景进行定制化裁剪和灵活部署。

（3）转发云：剥离了控制功能，聚焦于数据流的高速转发与处理。与传统网络不同，5G 网络的转发云业务使能单元与转发单元呈网状部署，并在控制云的集中控制下，基于用户业务需求，由软件定义业务流的转发路径，最终实现业务能力与转发能力的融合。

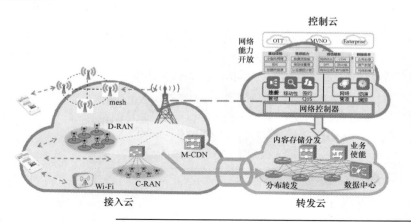

图 8-19
5G 网络架构

5G 网络通过架构和功能扩充，实现了软件定义网络功能，从而可以灵活控制网络流量，使网络更加智能，为核心网络及应用的创新提供坚实的基础。5G 核心网采用网络功能虚拟化技术，让网络功能相互解耦，具备独立升级、独立弹性的能力，同时具备标准接口与其他网络功能服务互通的能力。这种基于服务的网络架构（Service Based Architecture，SBA）是 5G 核心网的基础设计思维。

3. 5G 关键技术

5G 关键技术的总体框架如图 8-20 所示。在无线网络方面，5G 网络采用更灵活、更智能的网络架构和组网技术，如采用控制与转发分离的软件定义无线网络的架构、统一的自组织网络、异构超密集部署等；在无线传输技术方面，5G 网络引入能进一步挖掘频谱效率提升潜力的技术，如先进的多址接入技术、多天线技术、编码调制技术、新的波形设计技术等。

电子活页 8-4

5G 关键技术

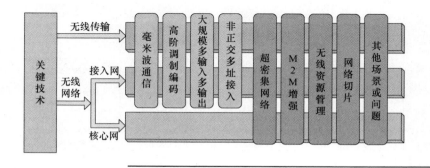

图 8-20
5G 关键技术的
总体框架

典型工作环节 3　熟悉 5G 网络的应用场景

与前几代移动网络相比，5G 网络的能力有很大的提升空间，除了带来更极致的体验和更大的容量，它还将开启物联网时代，并渗透各个行业。5G 网络主要有以下 3 种应用场景，如图 8-21 所示。

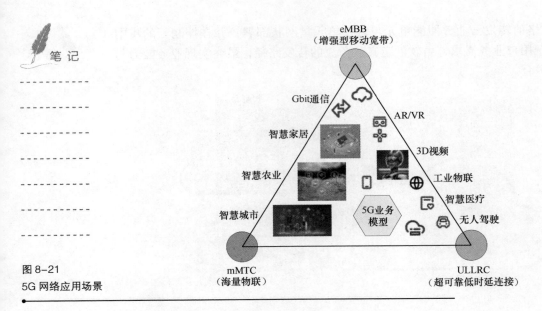

图 8-21
5G 网络应用场景

1. eMBB

增强型移动宽带（Enhanced Mobile Broadband，eMBB）应用场景下有较高的数据流量需求，主要目标是追求极致的通信体验。eMBB 的关键指标包括高达数十 Gbit/s 的峰值速率、每平方千米数十 Tbit/s 的流量密度、支持 500km/h 以上的移动速度等。在业务方面支持 4K/8K 超高清视频、VR、AR、高速移动上网等大流量移动宽带应用等，如图 8-22 所示，目前这些应用在技术层面上受限，暂时还无法提供极致的用户体验。

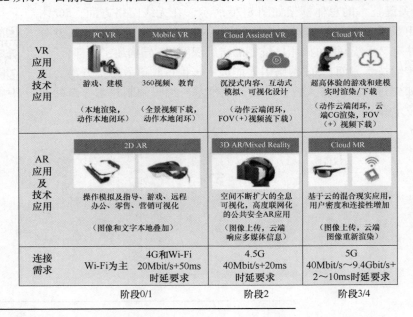

图 8-22
云 VR/AR 演进路线

2. mMTC

海量物联（Massive Machine Type Communication，mMTC）应用场景下可以同时连接大量的设备，5G 网络的连接数量相比 4G 网络将至少增加 10 倍以上，且以应用驱动的连接为主，具备高度动态特性；连接的类型也不再局限于手机终端，而是面向更多其他的设备（即物联网），实现人与物、物与物的连接，如智慧家居、智慧城市、智慧农业等，如图 8-23 所示。

图 8-23
海量物联（智慧农业）

3. URLLC

超可靠低时延（Ultra-Reliable Low Latency Communication，URLLC）应用场景主要体现在可以提供更高的可靠性和更低的时延，从而满足用户的实时性需求。超可靠低时延通信的主要目标是使其特性和网络功能可以在极端的可靠性标准下运行，这对一些可靠性要求高、时延要求低的特殊行业是十分重要的，如自动驾驶、工业控制、远程医疗等，如图 8-24 所示。

图 8-24
低延时场景需求

典型工作环节 4　了解 5G 网络规划的流程

5G 网络在频谱、空口和网络架构上制定了跨代的全新标准，以满足未来的应用场景。而这些新标准、新技术给 5G 网络的规划带来了很多挑战。5G 网络架构的设计原则如图 8-25 所示。

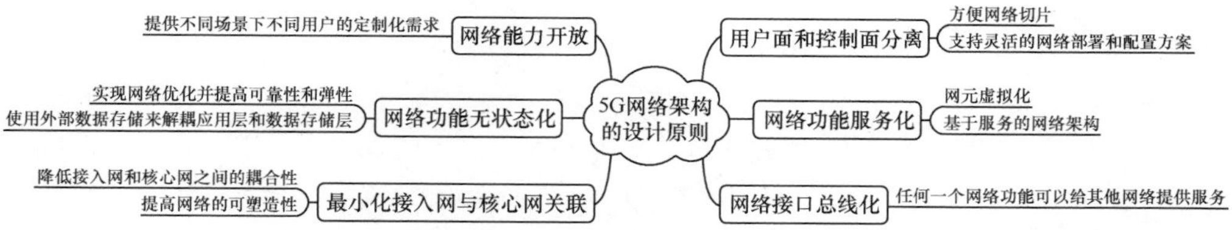

提供不同场景下不同用户的定制化需求　网络能力开放
方便网络切片　支持灵活的网络部署和配置方案　用户面和控制面分离
实现网络优化并提高可靠性和弹性　使用外部数据存储来解耦应用层和数据存储层　网络功能无状态化
5G网络架构的设计原则
网元虚拟化　基于服务的网络架构　网络功能服务化
降低接入网和核心网之间的耦合性　提高网络的可塑造性　最小化接入网与核心网关联
网络接口总线化　任何一个网络功能可以给其他网络提供服务

图 8-25
5G 网络架构的设计原则

1. 需求分析

5G 网络规划是一个复杂的过程，需要综合评估多个层面的技术、服务和经济因素，以确定最佳的网络规划方案。图 8-26 所示为华为 5G 网络规划的四大解决方案。首先需要明确 5G 网络的建设目标，这是开展网络规划工作的前提条件，基本的需求分析应包括行政区域、经济状况、网络覆盖范围、网络容量、网络质量以及网络安全等方面。同时还需要考虑已部署的 4G 站点、无线环境测量报告（Measurement Report，MR）及

笔记

地理信息数据，这些数据对 5G 网络的建设与规划具有重要的指导意义。

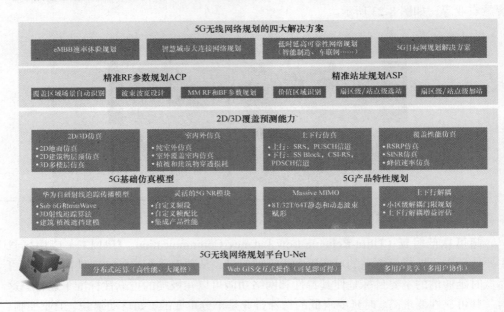

图 8-26
华为 5G 网络规划
的四大解决方案

2. 网络规模估算

通过覆盖估算和容量估算来确定网络建设的基本规模。图 8-27 所示为华为公司关于不同业务场景对 5G 网络能力要求差异的分析。可以看出 5G 网络的规模估算需要综合考虑网络覆盖范围、网络容量、基站数量、用户数量等多个因素。进行覆盖估算时，首先应该了解当地的传播模型，然后通过链路预算来确定不同区域的小区覆盖半径，从而估算满足基本覆盖需求的基站数量，再根据城镇建筑和人口分布，估算额外需要满足深度覆盖的基站数量。容量估算则是在实际场景的基础上，结合目标网络的技术参数，并综合考虑网络负载特征，科学地分析在一定时隙及站型配置的条件下，5G 网络可承载的系统容量，并计算出是否可以满足用户的容量需求。

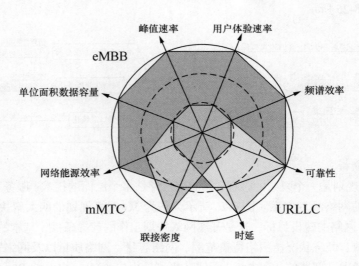

图 8-27
5G 的业务多样化
带来的技术
要求差异

3. 站址规划

5G 网络站址规划的基本原则是确保覆盖的合理性和经济性，满足用户的服务要求。因此，5G 网络站址规划应结合网络结构和覆盖策略，考虑到地域、地理、社会经济和技术等因素。通过网络规模估算，可以得到规划区域内需要建设的基站数量、类型和位置。5G 网络基站可分为"宏站"和"微站"，要根据不同的覆盖要求，确定两种站型的数量和比例。在选择 5G 网络站址时，还要考虑到周边环境的影响，受限于各种实际因素，理论位置不一定适合布站，这就需要对备选站点进行实地勘察，并根据所得数据调整基站规划参数。内容包括基站选址、基站勘察、基站规划参数的设置等。同时还要考虑经济性，如成本、时间、投资等，注意利用原有的基站站址建设 5G 网络。共站址主要依据无线环境、传输资源、电源、机房条件、工程可实施性等方面综合确定是否可建设。

笔 记

电子活页 8-5

仿真预测

4. 无线网络仿真

完成初步的站址规划后，需要通过 5G 网络规划仿真软件进行覆盖及容量仿真分析，评估站址规划方案的合理性和可行性。无线网络仿真可以模拟 5G 网络运行状况以及服务质量，以便对 5G 网络进行参数调整和优化。仿真分析流程包括规划数据导入、覆盖预测、邻区规划、物理小区标识（Physical Cell Identity，PCI）规划、用户和业务模型配置以及蒙特卡罗仿真，通过仿真分析输出结果，可进一步评估目前的规划方案是否满足覆盖及容量目标。图 8-28所示为华为 5G 3D 覆盖预测效果。如果部分区域不能满足要求，则需要对规划方案进行调整、修改，使优化后的方案达到预期的目标，从而提高 5G 网络效率和服务质量。

图 8-28
华为 5G 3D 覆盖
预测效果

5. 无线参数规划

无线参数规划是为了满足 5G 网络的业务需求而建立的，配置合理的参数，可以提高系统的容量和数据传输速率、扩大覆盖范围。在经过网络仿真分析完成详细规划评估和优化之后，就可以输出科学、合理的无线参数，以实现最佳的覆盖效果和服务质量。5G 网络无线参数包括多种技术参数，主要包括工程参数（天线高度、方向角、下倾角、波束）和小区参数（小区编号、TAC 参数、PCI 参数、邻区参数）等，同时根据具体情况进行规划，这些参数最终将作为规划方案输出并供后续的工程设计及优化使用。

任务 8.4　练习

1. 选择题

（1）【多选】光纤主要由（　　　）构成。

A. 纤芯　　　　　　B. 涂敷层　　　　　　C. 包层　　　　　　D. 玻璃

（2）【多选】ZigBee 是一种（　　　）的新兴无线组网通信技术。

A. 低速率　　　　　B. 短距离　　　　　　C. 高速率　　　　　D. 长距离

（3）1G 网采用（　　　）信号传输。

A. 数字　　　　　　B. 宽带　　　　　　　C. 模拟　　　　　　D. 均有

（4）【多选】我国于 2009 年 1 月 7 日颁发了 3 张 3G 牌照，分别是（　　　）。

A. 中国移动的 TD-SCDMA　　　　　　　B. 中国联通的 WCDMA

C. 中国电信的 WCDMA2000　　　　　　　D. 中国铁通的 TD-SCDMA

（5）【多选】5G 的主要特点有（　　　）。

A. 高速率　　　　　B. 泛在网　　　　　　C. 低功耗

D. 低时延　　　　　E. 万物联网　　　　　F. 重构完全体系

（6）【多选】5G 的关键技术包含（　　　）。

A. 先进的多址接入技术　　　　　　　　　B. 编码调制技术

C. 多天线技术　　　　　　　　　　　　　D. 新的波形设计技术

2. 填空题

（1）通信系统大体由 3 部分组成：（　　　　　）、（　　　　　）、（　　　　　）。

（2）未来通信技术的发展将具备以下特点：（　　　　　）、（　　　　　）、（　　　　　）、（　　　　　）、（　　　　　）、（　　　　　）。

（3）5G 网络架构包含 3 朵"云"，分别为（　　　　　）、（　　　　　）、（　　　　　）。

（4）5G 的主要应用场景有（　　　　　）、（　　　　　）、（　　　　　）。

（5）5G 网络规划的流程包含（　　　　　）、（　　　　　）、（　　　　　）、（　　　　　）。

3. 判断题

（1）在通信过程中，噪声是可以完全去除的。（　　　）

（2）带宽可以表示为链路上每秒实际能传输的比特数。（　　　）

（3）在光发送机中，光源是整个系统的核心器件。（　　　）

（4）"蓝牙"是一种短距离的无线连接技术标准的代称。（　　　）

（5）只有当接收电平低于自由空间传播的电平时才叫电波的衰落现象。（　　　）

4. 问答题

简述点对点通信系统模型中的各组成部分及其功能。

学习单元 9　物联网技术基础

学习目标

【知识目标】

1. 识记：物联网技术的基本概念、意义、发展历程。
2. 领会：物联网的体系结构、功能和关键技术。

【能力目标】

1. 能够简单应用已有的物联网云平台或工具。
2. 能够应用相关平台或工具设计创建所需要的物联网产品并实现其相应功能。

【素质目标】

1. 能够针对物联网工程领域实施的具体环境和管理条件，理解和运用物联网技术、云计算、人工智能等多学科知识，解决物联网领域工程问题；具有良好的人文科学素养、团队合作能力和较强的社会责任感。

2. 能够通过足够的"持续职业发展"保持和拓展个人能力，具备一定的国际视野，熟悉物联网领域国内外发展现状和趋势，能适应物联网技术的发展以及职业发展的变化。

单元导读

2009 年 1 月，IBM 公司的首席执行官首次提出了"智慧地球"的概念。无独有偶，同年 8 月，我国将建立中国传感信息中心——"感知中国"中心提上日程，同时强调要着力突破传感网、物联网（Internet of Things，IoT）的关键技术，尽早部署后 IP 时代相关技术研发，使信息网络产业成为推动产业升级、迈向信息社会的"发动机"。

无论是"智慧地球"还是"感知中国"，都是由物联网技术发展带来的美好前景。物联网，顾名思义，就是把所有的物品都连上互联网，实现人和物体的"对话"，物体和物体之间的"交流"。2005 年 11 月 17 日，国际电信联盟（International Telecommunications Union，ITU）正式提出了物联网的概念。

在众多应用场景中，如何高效地实现数据的采集和分析是需要解决的问题。有没有一种安全、可靠的解决方案，能让数据可以被高效地利用呢？这是物联网云平台要解决的关键问题。

为了让大家尽快熟悉并会使用物联网平台，本单元制订了如下任务。

1. 初识物联网技术。
2. 探索物联网体系结构及关键技术。
3. 应用物联网云平台创建项目。

任务 9.1　初识物联网技术

任务描述

在现代社会实践活动中，各行业各领域不断对信息系统提出更高的要求。物联网这一理念最早起源于现代物流系统的需要，随着新一代信息技术的迅速发展，物联网技术逐步开始应用于各行各业。在未来，物联网技术还将与大数据、云计算、边缘计算、人工智能等新兴技术进行交叉融合，实现物理世界和信息世界的整合统一，为人类构建更便捷、更高效、更智能的生活环境。

> 小思考：我们要实现物联网首先需要解决的问题是什么？采用什么样的方式解决？是否存在可靠的新兴技术手段？

任务目标

1. 了解物联网技术的基本概念。
2. 了解物联网技术的分类和特征。
3. 掌握物联网技术的发展历程。
4. 了解物联网技术的应用场景及应用前景。

任务实现

典型工作环节 1　了解物联网技术的基本概念

物联网是一个广泛的概念，到目前为止也没有一个精确的定义。一般来说，人们认为物联网是传统互联网向物理世界的延伸。通过连接物理世界，使网络能够更好地为人类服务。综合目前已出版的物联网技术的相关书籍，以及网络上关于物联网的技术资料，可以归纳出以下几个比较常见的物联网定义。

（1）物联网嵌入了电子器件、互联网连接设备和其他形式的硬件（如传感器），将互联网连接、延伸到物理设备和日常物品中。这些设备可以通过互联网进行交互与通信，技术人员可以对这些设备进行远程监测和控制。

（2）简单而言，通过物联网，各种不同的设备能够互相连接起来。这些设备能够感知物理世界、互相交流和沟通，连接起来提供不同的服务。

（3）物联网就是利用条码、射频识别、传感器、全球定位系统、激光扫描器等信息传感设备，按约定的协议，在任何时间、任何地点实现人与人、人与物、物与物的连接，并进行信息交换和通信，从而实现智能化识别定位、跟踪监控和管理的庞大网络系统。

（4）物联网是一个基于互联网、传统电信网等信息承载体，让所有能够被独立寻址的普通物理对象实现互联互通的网络。

（5）物联网是在互联网和移动通信网等网络通信基础上，针对不同领域的需求，利用智能物体自动获取现实世界的信息，实现全面感知、可靠传输、智能处理，构建人与物、物与物互联的智能信息服务系统。

典型工作环节 2　了解物联网技术的分类和特征

1. 物联网技术的类别

物联网技术有以下几种划分形式。

根据技术服务能力划分，物联网主要可以分为私有物联网（Private IoT）、公有物联网（Public IoT）、社区物联网（Community IoT，CIoT）、混合物联网（Hybrid IoT，HIoT）4 种。其中，私有物联网通常主要提供单一机构内部的服务，大多用于机构内部的内网中，少数用于机构外部；公有物联网则主要为公众或大型用户群体提供服务；社区物联网可向某个关联的"社区"机构群体提供服务；混合物联网是上述两种及以上类型的组合，但后台有统一的运营维护实体。

根据技术实现的应用领域划分，物联网可以分为消费型物联网，主要指日常消费类的应用和设备；商业物联网（Commercial IoT，CIoT），主要应用于各类商业场景，旨在改善客户体验和商业条件；工业物联网（Industrial IoT，IIoT），作用是增强现有的工业系统，提升生产力和生产效率；基础设施物联网，重点关注智能基础设施的建设，实现降本增效、便捷维护等；军事物联网（Military IoT，MIoT），主要应用在军事及战场环境下，目的是提高态势感知、加强风险评估和缩短响应时间。

2. 物联网的基本特征

概括地讲，物联网主要有以下几个基本特征。

（1）对象设备化

物联网由具备全面感知能力的物理设备组成。为了让这些设备具有感知能力，需要集成射频识别、图像识别、无线传感器等一系列感知、采集、测量技术，按预定的频率周期性地对物体或者环境进行信息获取或采集。

电子活页 9-1

物联网技术能做什么

（2）终端互联化

物联网是一种建立在互联网上的泛在网络，不同类型的传感器定时采集的数据信息需要通过复杂的互联网络实时、准确地传递出去。由于物联网通常是异构网络架构，不同实体间的通信协议格式存在差异，而且网络系统的终端设备数量极其庞大，形成海量信息数据，因此在物与物间的信息交互与传输过程中，为了确保数据的正确性和及时性，必须具备支持多种协议格式转换的通信网关。

（3）服务智能化

物联网不仅提供了传感设备的连接，还可以从其采集到的海量信息中分析、加工和处理有意义的数据，这就意味着物联网本身也要具有智能处理的能力，因此必须要以智能信息处理平台为支撑，综合利用云计算、人工智能等新兴技术来存储、分析、处理海量数据，以适应不同用户的不同需求，发现新的应用领域和应用模式。

近年来，随着物联网的不断发展，特别是智能化普及的今天，物联网应用催生出大批新技术、新产品、新应用、新模式，提高了社会管理和公共服务水平，推动了传统产业升级和经济发展方向的转变，形成新的经济增长点。

典型工作环节 3　掌握物联网技术的发展历程

1. 物联网技术的发展过程

（1）萌芽阶段

1999 年，美国麻省理工学院建立了自动识别中心 Auto-ID，依托于 EPC、射频识别技术和互联网技术，提出万物皆可通过网络互连的理念，阐明了物联网的基本含义，并在 2003 年主导成立了 EPC Globle 组织，如图 9-1 所示，进而推广 EPC 和物联网的应用，如图 9-2 所示。同年，美国专业科技商业杂志《技术评论》提出传感网络技术

笔记

将是未来改变人们生活的十大技术之首。

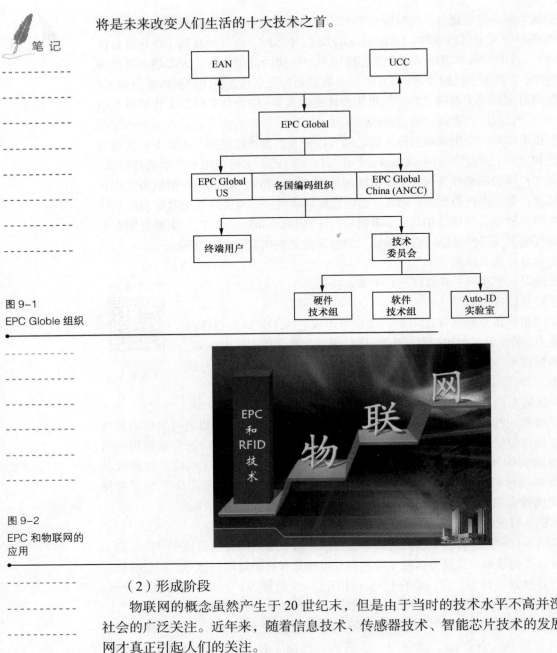

图 9-1
EPC Globle 组织

图 9-2
EPC 和物联网的
应用

（2）形成阶段

　　物联网的概念虽然产生于 20 世纪末，但是由于当时的技术水平不高并没有引起社会的广泛关注。近年来，随着信息技术、传感器技术、智能芯片技术的发展，物联网才真正引起人们的关注。

　　日本和韩国在 2004 年同时提出了基于物联网的国家信息化战略。2005 年 11 月 17 日，国际电信联盟发布《ITU 互联网报告 2005：物联网》，正式提出"物联网"的概念。报告中对物联网相关概念、可用技术、全球市场机遇、新生态系统等方面进行了深入的探讨。

　　自 2008 年后，各个国家为了加快促进科技发展，创造新的经济增长点，纷纷着手开展下一代技术规划，将焦点聚焦在物联网上。同年 11 月，在北京大学举行的第二届中国移动政务研讨会"知识社会与创新 2.0"提出移动技术、物联网技术的发展代表着新一代信息技术的形成，并带动了经济社会形态、创新形态的变革，推动了面向知识社会的以用户体验为核心的下一代创新（创新 2.0）形态的形成，创新与发展更加关注用户、注重以人为本。而创新 2.0 形态的形成又进一步推动新一代信息技术的健康发展。物联网技术对社会的数字化、开放化、智慧化及发展有着积极的推动作用，一方面，物联网是创新 2.0 时代社会智慧化的技术实现平台；另一方面，社会智慧化是物联网技术的具体应用载体；更为重要的是，"万物互联"的数字化进程将进一步赋能开放众创，推动人们现有生活方式、社会经济、产业模式、合作形态的颠覆性发展，构建新网络、新数据条件下面向创新 2.0 的社会新形态。创新 2.0 时代的智慧社会不仅强调物联网等新一代信息技术的应用，更强调通过人的联网、物的联网、数据的联网、思想的联网实现以人为本的可持续创新，强调依托城域开放、众创空间等众创生态的营造，推进创新 2.0 时代的群众路线及"大众创业、万众创新"新实践。

2009 年，IBM 公司提出了"智慧地球"（见图 9-3）的概念，建议政府重视新一代智慧型基础设施的建设。同年，欧盟执委会发表了 *Internet of Things - An action plan for Europe*（欧洲物联网行动计划）。该计划列举了物联网的应用场景，呼吁建立物联网的公共管理机构以加强个人隐私和数据的保护，倡导建立开放式、标准化的发展环境，促进物联网的快速发展。

2009 年，为迅速建立"感知中国"中心，推动我国物联网事业的健康持续发展，引领全球信息产业第三次浪潮，增强我国的科技竞争力，无锡市迅速行动、全面部署，全力以赴做好建设国家"感知中国"中心的相关工作。同年 11 月 12 日，中国科学院、江苏省和无锡市签署合作协议成立中国物联网研发中心。与此同时，中关村物联网产业联盟也宣告成立。这一系列的举措无不彰显出我国自主发展物联网事业的坚定决心。

（3）成熟阶段

自 2010 年以后，物联网技术开始广泛应用于各行各业，比较有代表性的就是工业制造领域。2013 年，德国率先在汉诺威工业博览会上正式推出"工业 4.0"的概念，如图 9-4 所示。"工业 4.0"指的是利用信息物理系统（Cyber-Physical System，CPS）将生产中的供应、制造、销售信息数据化、智慧化，最后达到快速、有效、个人化的产品供应。"工业 4.0"的核心目的是提高工业的竞争力，在新一轮工业革命中占领先机，其技术基础是网络实体系统及物联网。

图 9-3
IBM 公司"智慧地球"的宣传标志

新一代信息技术与制造业深度融合，正在引发影响深远的产业变革，全球产业竞争格局正在发生重大调整。

2021 年，为打造系统完备、高效实用、智能绿色、安全可靠的现代化基础设施体系，推进物联网新型基础设施建设，充分发挥物联网在推动数字经济发展、赋能传统产业转型升级方面的重要作用，国家八部委联合印发《物联网新型基础设施建设三年行动计划（2021—2023 年）》，该计划立足新发展阶段，完整、准确、全面贯彻新发展理念，构建新发展格局，坚持问题导向和需求导向，打造支持固移融合、宽窄结合的物联网接入能力，加速推进全面感知、泛在连接、安全可信的物联网新型基础设施建设，加快技术创新，壮大产业生态，深化重点领域应用，推动物联网全面发展，不断培育经济新增长点，有力支撑制造强国和网络强国建设。

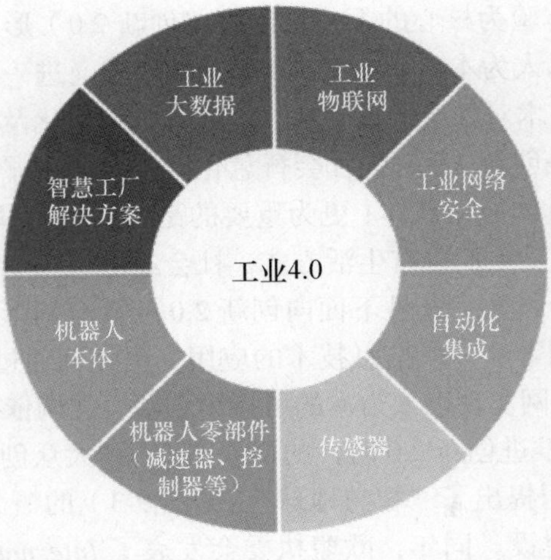

图 9-4
"工业 4.0"

（4）发展阶段

时至今日，物联网产业正大踏步地迈向"万物互联"的新局面，新型网络技术和通信技术在传输速率、带宽容量等方面的不断革新，大大降低了海量设备接入网络系统的连接成本。IoT Analytics 的数据显示，2020 年全球物联网连接数量超过113 亿，首次超过非物联网连接数，到 2025 年，预计将有超过 270 亿台联网设备。全球移动通信系统协会（Global System for Mobile Communications Association，GSMA）的数据显示，2021 年全球物联网市场的规模达到 1579 亿美元，到 2027 年将超过 5250 亿美元。未来，物联网将继续作为战略新兴产业，迎接更加广阔的市场。

2. 物联网技术的发展趋势

早在 2008 年，欧洲智能系统集成技术平台（European Technology Platform on Smart System Integration，EPoSS）在 *Internet of Things in 2020* 报告中就对未来物联网的发展进行了预测，这个报告预计物联网将会经历 4 个发展阶段：2010 年以前主要在物流、零售和制药等领域局部应用；2010—2015 年实现物与物之间的互联，实现特定的网络间融合；2015—2020 年进入半智能化阶段，实现标准化的超高速网络间交互；2020 年以后进入全智能化时代，实现异构系统的深度融合。目前物联网产业的发展和应用正在由第三阶段向第四阶段过渡，可以大胆地预测 21 世纪的物联网必将是智能化、信息化融合的结果。

从 2017 年开始，"AIoT"逐渐成为物联网行业经常提到的词。那么什么是"AIoT"呢？ AIoT（人工智能物联网）=AI（人工智能）+IoT（物联网）。简单来说，"AIoT"就是人工智能技术和物联网技术的融合，通过物联网产生、收集来自不同维度的海量的数据存储于云端、边缘端，再通过大数据分析，以及更高形式的人工智能，实现万物数据化、万物智联化。2022 年 7 月，中科院院士尹浩在作《物联网发展的昨天、今天与明天》主题报告时提出，人工智能正在驱动物联网从"万物互联"迈入"万物智联"。在尹浩院士看来，作为新一代信息技术的高度集成和综合运用的物联网，在新型基础设施建设的浪潮下正加快转化为现实生产力，成为重塑生产组织方式和促进社会发展与进步的基础设施和关键要素。

物联网未来的发展目标是实现"万物智联"，在实现"万物互联"的基础上，还需要赋予物联网"智慧大脑"，才能够实现真正的"万物智联"。人工智能技术可以满足这一需求，人工智能通过对历史或实时数据的深度学习，能够更准确地进行判断和决策，使设备做出符合预期的响应，从而提升产品的用户体验。物联网产生的海量数据可以让人工智能快速地获取知识，而人工智能通过知识的学习又可以对物联网产生的海量数据进行更加智能的分析、处理，二者相互促进、相得益彰。目前关于 AIoT 的发展除了在技术上需要不断革新，与 AIoT 相关的技术标准和测试标准的研发、相关技术的落地与典型案例的推广和规模应用也是现阶段物联网与人工智能领域亟待突破的重要问题。总的来说，在这个基于"万物互联"的智慧社会建设进程中，物联网将继续发挥更加重要的作用，通过全面透彻感知、宽带泛在互联、智能融合应用，物联网与人工智能不断地深度融合将会共同推动构建智慧社会，充分实现多元主体的协调互动，最终形成一个智能化生态体系。

典型工作环节 4　了解物联网技术的应用场景及应用前景

随着物联网技术与社会经济不断地深度融合，越来越多的领域将会应用到物联网技术，如医疗、运输、零售等，如图 9-5 所示。而多场景落地应用又会反过来促进物联网技术高质量发展，进一步推进物联网规模化应用，构建新业态、新模式，持续增广物联网发展矩阵，拓展物联网的发展和应用前景。

图 9-5
物联网应用场景

1. 物联网的应用场景

（1）智慧家居

家是人们心灵的港湾，拥有安全、便捷、智能的家居环境一直是人们不断追求的目标。这个目标随着经济的发展和科技水平的进步，现在正在慢慢成为现实。智慧家居是用不同的技术和设备，构建安装维护方便、系统构成灵活、场景功能丰富、操作控制便捷、信息高效共享的居家生活环境，使家庭生活变得更智能、更舒适、更安全和更便利。

（2）智慧物流

物流业是国家经济支撑性产业，促进物流业降本增效是政府、企业及客户力争实现的目标。智慧物流融合了物联网、大数据、人工智能技术，大大提高了物流系统（包括仓储、运输监测以及快递终端等环节）分析决策及执行能力，从而提升整个物流行业的智能化和自动化水准。

（3）智慧农业

农业作为国家的第一产业，支撑着国民经济的建设和发展。通过物联网技术赋能农业生产，可加快实现农业生产全过程的信息感知、精准管理和智能控制的全新生产方式，助力现代农业高质量发展进程。

（4）智慧零售

零售业按距离可分为3种模式：远场零售、中场零售、近场零售。物联网技术可以灵活地应用于中、近场零售模式中。通过物联网技术，商家能够实时地联系到精准的客户，为客户提供更加便捷、可靠的购物体验，并帮助零售商不断创新服务模式和商品种类。

（5）智慧生产制造

物联网可将具有感知、监控能力的各类采集、控制传感器或控制器，以及移动通信、智能分析等技术不断融入工业生产的各个环节，从而大幅提高制造效率、改善产品质量、降低产品成本和资源消耗，最终实现更高程度的工业智能化。

（6）智慧城市

利用物联网技术将各种类型的城市实体紧密地结合起来，改善城市交通环境、改善城市居住环境以及提高资源利用率。全面构建开放、高效、灵活、安全、合作共赢的城市生态系统，实现城市可持续发展。

（7）智慧医疗

将物联网技术与医疗领域进行融合可以构成医疗物联网。医疗物联网的实现是将智能感知装置如 RFID 标签、条码、二维码、传感器、红外感应器等，与医疗对象（医疗器械、人员、药品、生物制剂等）绑定，通过网络通信手段，融入医院各类信息系统之中，并接入医院大型集成平台——医院信息系统（Hospital Information System，HIS），从而实现对医疗对象的智能感知、数据采集、远程监控、信息共享等功能，应用于医院人员管理、物品管理、医疗护理、环境监测与信息管理等众多方面，可以有效助力医疗系统服务模式转型，提高其整体效率。

（8）智慧安防管控

物联网技术的普及应用，使得安防从过去简单的安全防护系统向综合化体系演变。引入物联网技术后可以通过无线移动、跟踪定位等手段建立全方位的立体防护。未来对细分行业或应用场景的理解，以及与大数据、人工智能等多种技术的高效结合，将决定智慧安防管控产品的实际应用和落地成效。

2. 物联网的应用前景

物联网具有广阔的应用前景，从整体来看，物联网在各个行业中的发展不够均衡。不同行业在物联网政策倾向、技术、市场等方面的差异，造成了物联网细分市场的发展差异很大。因此，虽然物联网应用前景广阔，但也要充分认识到物联网的发展还有很多环节亟待突破。当前物联网的突破正从垂直和水平两个维度展开。物联网并不存在普适的解决方案，应该根据不同的行业需求制定有针对性的解决方案。垂直解决方案是我们依托市场、推动物联网发展的首要方式。此外水平化也是物联网发展的显著趋势之一，如互联、远程设备管理、安全等是涉及物联网众多行业的共同需求，这就要求人们要不断构建横向平台和产品。打造垂直解决方案和构建横向平台，关键在于技术创新。

　　物联网的发展面临很多挑战，特别是安全与隐私、数据保护、资源控制、信息共享、标准制定、服务开放性和互动操作性等关键技术还需要进一步研究。物联网产业链既长又广，这就注定了物联网的技术创新和广泛应用不可能只由某一家或者是某几家公司承担，生态合作是物联网加速发展的基础性保障。生态合作的重要意义还在于推进标准化，物联网规模庞大又有着碎片化的特点，这就需要通过生态合作的方式打造物联网标准体系，以便支持和实现物联网领域跨行业的互操作性、安全性和可扩展性。在未来，物联网几乎会涵盖人们日常生活中的一切，其真正的意义在于整合传统产业所碰撞出来的新的商业机会。物联网的应用多元且复杂，需要依托行业或商业用户的效益来实现其落地和推广，这就与商业模式有关，也意味着新的商业机会。

　　物联网的愿景目标十分灵活，实现的技术路线主要包含以下几个关键因素。

　　① 云平台，物联网系统通过获取设备的信息数据实现对实物的智能化管控，为了实现对海量数据的分析和处理，就要需要一个大规模的计算平台作为支撑，而云平台刚好可以实现对海量的数据信息进行实时的动态管理和分析。

　　② 低成本、低功耗的设备，目前的传统物联网设备存在着成本和功耗较高的问题，这对已经部署或需要部署大型物联网生态系统的企业而言，无论是人力、物力还是财力都异常高昂，极大地限制了物联网行业发展的速度。

　　③ 海量的接入地址，海量的设备接入网络需要有海量的接入地址作为支撑，IPv6 凭借其更大的地址空间（128 位）、更高的安全性能及灵活的扩充性，有效地解决了地址不足的问题。

　　④ 合适的传输网络，物联网具有复杂多样的应用场景，像智慧家居、工业数据采集等场景下一般采用短距离通信技术，但是面对范围更广、距离更远的应用场景则需要远距离通信技术，因此需要结合具体的应用场景、传输距离、设备功耗、部署模式、配置难度等因素进行综合分析与考量，以选择合适的传输网络。

任务 9.2　探索物联网体系结构及关键技术

任务描述

　　物联网作为一种形式多样的聚合性复杂系统，是有别于互联网的。互联网的主要目的是构建一个全球性的信息通信网络，而物联网则侧重信息服务，即利用互联网、无线通信等进行业务信息的传送，服务对象由人转变为包括人在内的所有物品。物联网作为互联网的延伸，通过将智能物件整合到数字世界，向用户提供个性化和私有化服务。

任务目标

1. 了解物联网的体系结构。
2. 熟悉物联网的核心关键技术。

　　小思考：物联网的体系架构是怎样的？又包含哪些核心的关键技术？

任务实现

典型工作环节 1　了解物联网的体系结构

系统体系结构是由诸多结构要素及各组成要素之间的联系与互操作所组成的综合模型，用于完整描述整个系统。建立体系结构是设计与实现网络化计算系统的首要前提，所以在设计与实现物联网系统之前需要先建立物联网体系结构，从而保证创建的物联网系统的性能与预期需求一致。物联网的感知环节具有很强的异构性，为实现异构网络系统之间的互联、互通与互操作，物联网需要以一个开放的、分层的、可扩展的网络体系结构为框架。建立物联网体系结构的核心过程是从不同的物联网系统中提取出具有共性的组成部件以及各组成部件之间的组织关系。

物联网应用广泛，系统规划和模式极其容易因设计角度的不同而产生不同的结果，因此急需建立一个具有框架支撑作用的体系架构。物联网系统尽管结构复杂，不同物联网应用系统的功能、规模差异很大，但是它们之间还是存在着很多内在的共性特征。通过对这些共性特征进行全面、细致的探索，研究人员采用分层结构的思想建立了描述物联网系统结构的抽象模型。物联网体系结构主要分为 4 个层面：感知识别层、网络构建层、平台管理层和综合应用层，如图 9-6 所示。

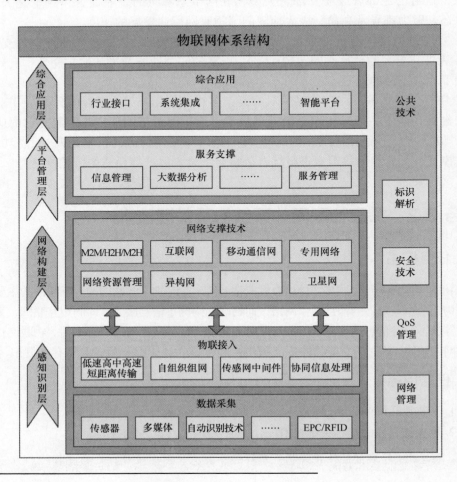

图 9-6
物联网体系结构

物联网体系结构是指导具体系统设计的首要前提，方便从更深层次认识物联网应用系统的结构、功能与原理，从而帮助技术人员规划、设计、研发、运行与维护大型物联网应用系统。随着应用需求的不断发展，各种新技术将逐渐纳入物联网体系中，体系结构的设计也将决定物联网的技术细节、应用模式和发展趋势。

1. 感知识别层

感知识别层是物联网体系结构的基础，该层几乎涵盖各种已知的感知识别技术。感知识别是联系物理世界和信息世界的纽带，它能够让物体具备"开口说话、发布信息"的能力。感知识别层主要负责为物联网采集和获取信息，采用各种类型的传感器对物体性质、环境状态、行为模式等参数信息进行获取。比较常见的有温度传感器、湿度传感器、光照传感器等，可以将物体本身及周围的环境参数采集下来，将其转换为数据信息进行上传并进行后续处理。感知识别层也是物联网发展和应用的基础，如 RFID 标签中蕴含的信息，经过上层网关接入点把数据提交至网络构建层，再由网络构建层自动传输到中央信息系统，最终实现物品相关参数的提取和处理。当前感知识别层主要的发展方向是快速响应、低功耗（低碳环保）、低成本、高可靠性的全面感知，信息生成、传输方式多样化是物联网区别于其他网络系统的重要特征。

2. 网络构建层

网络构建层位于感知识别层的上方，是连接感知识别层和综合应用层的枢纽，其主要工作是完成信息传输、信息交换和信息整合，作用是把感知识别层上传的数据接入网络进行传输，供上层服务使用。网络构建层是异构融合的泛在通信网络，网络边缘提供了多种网络结构的接入服务。网络构建层几乎覆盖所有现存的网络结构，如互联网、移动通信网、广电网、无线接入网、专用网等。其中，移动通信网（2G/3G、LTE 及 5G）通信灵活、区域覆盖完善，但在成本和功耗方面不具优势。Wi-Fi、蓝牙、ZigBee 等通信技术的特点是运行功耗低、传输带宽小、通信距离短，通常用在智慧家居、工控设备等领域；此外还有以远距离无线电（Long Range Radio，LoRa）、NB-IoT 为代表的低功耗广域网技术，该类技术的特点是远距离、低功耗、低带宽，适用于类似智能电表、智慧农业等低数据量、大规模部署的应用场景。可以看出不同类型的网络技术适用于不同的应用场景，根据具体的应用场景选择或者组合使用不同的网络结构，是实现物联网的网络构建层传输的重要思路。

3. 平台管理层

平台管理层联动感知识别层、网络构建层和综合应用层，是物联网体系结构的核心。平台管理层是由物联网中间件这一概念不断演进形成的，主要解决数据的存储、处理、使用以及数据安全与隐私保护等问题。简而言之，平台管理层通过上、下层的联动，一方面向下连接、控制、管理物联网终端设备，另一方面在大数据和云计算技术的支撑下，将感知识别层采集到的海量数据有效地整合和利用，向上提供应用开发的标准接口和共性工具模块，为上层行业领域应用提供智能的支撑平台。平台管理层是物联网体系的大脑中枢，其主要的发展方向就是智能化，为机器学习、数据挖掘、专家系统等智能技术提供了广阔的应用空间，随着设备连接量持续增长、数据资源计

笔记

算处理能力的提升、应用场景的拓展，以及信息安全和隐私保护技术的突破，将进一步促进物联网市场潜力的持续释放。

4. 综合应用层

综合应用层位于物联网体系结构的最顶层，聚焦在信息处理和人机交互两个问题上。也就是说，综合应用层的核心功能包含两个方面：一是"数据"，综合应用层完成最后的数据管理和处理；二是"应用"，将完成管理和处理的数据与实际的行业应用相结合。综合应用层基于平台管理层的数据解决具体垂直领域的行业问题，包括消费驱动应用、产业驱动应用和政策驱动应用。综合应用层利用经过挖掘、分析、处理的感知信息数据，为用户提供丰富的服务，实现智能化的使用体验。物联网的应用领域十分广泛，目前发展比较迅速的主要领域有物流、交通运输、安防监控、能源资源、健康医疗、工业制造、商品零售、农业生产等，各个细分应用场景都具备巨大的发展潜力。人们可以根据具体的应用场景和业务需求，对服务管理、平台支撑、数据资源，以及网络结构和底层的感知识别技术进行剪裁，形成定制化的物联网系统解决方案。

除此之外，物联网还需要信息隐私、标识解析、网络管理、服务质量管理（Quality of Service，QoS）等共性支撑技术。在物联网体系结构中，信息数据流在各层之间的流转并不是单向的，层级之间的数据进行双向交互，且传递的信息种类也是复杂多样的。因此，物联网体系结构和体系标准是一个紧密关联的整体，决定着物联网研究的方向和领域。

典型工作环节 2　熟悉物联网的核心关键技术

物联网对万物进行赋能，构成一个复杂的聚合性系统。物联网没有对现有技术进行颠覆性革命，而是通过对现有技术的交叉融合和综合运用，实现了一种全新的通信模式。在这种别具创造性的融合过程中，也必定会对现有技术提出改进和创新的要求，从而推动一些新的技术的诞生。

1. 自动识别技术

数据是未来人类社会生产和决策的现实基础。数据的采集是获取信息数据的首要环节，也是物联网区别于其他网络最独特的部分。早期信息系统的绝大部分数据都是采用人工录入的方式，采用手动方式录入庞大的数据资源，不仅工作强度大，而且准确率低，降低了数据的实时性意义。自动识别技术的研究有效地解决了这一问题，提高了数据采集过程的实时性和准确性。

什么是自动识别技术？自动识别技术就是应用一定的识别装置，通过被识别物品和识别装置之间的接近活动，自动地获取被识别物品的相关信息，并提供给后台的计算机处理系统来完成相关后续处理的一种技术。自动识别技术可以对每个物品进行标记和识别，还能将数据实时更新，是构造全球物品信息实时共享的重要组成部分。例如，人们日常使用的条形码、身份码、付款码等扫码系统都属于典型的自动识别技术范畴，如图 9-7 所示。完整的自动识别管理系统包括自动识别系统（Auto Identification System，AIDS）、API 或者中间件（Middleware）、应用软件（Application Software，AS）。AIDS 完成数据的采集和存储，AS 负责对 AIDS 采集到的数据进行处理，API 提供 AIDS 和 AS 之间的交互协议和接口，负责将 AIDS 采集的信息转换成 AS 可识别、使用的形式和数据传递。

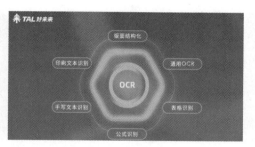

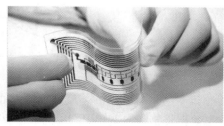

图 9-7
常见的自动识别
技术

自动识别技术作为高度自动化的数据采集技术，在全球范围内的发展十分迅速。自动识别技术根据识别对象特征和识别方式可以被划分为两大类：数据采集（Data Acquisition，DAQ）技术和特征提取（Feature Extraction，FE）技术。DAQ 技术要求被识别物体具有相对应的特征载体，如标签、条码等；FE 技术是利用被识别物体本身的特征来完成数据的采集，如语音等。经过几十年的发展，AIDS 初步形成了一个包括条码技术、磁卡技术、集成电路（Integrated Circuit，IC）卡技术、OCR 技术、射频识别技术及生物识别技术等集计算机、光、磁、物理、机电、通信技术为一体的高新技术学科。

电子活页 9-2

常用的自动
识别技术

2. 感知与无线传感技术

传感技术被认为是现代信息技术的三大支柱之一，它是采集、获取信息的基础。从物联网角度看，传感技术是衡量一个国家信息化程度的重要标志，它通过利用不同种类的传感器采集大量数据，达到感知物体本身或者是物体周围环境的目的。在感知过程中可以把传感器看作物联网感知世界的"神经末梢"，是实现信息检测、采集的主要设备。目前传感技术正在沿着系统化、网络化、智能化、无线感知这 4 个方面发展。

（1）智能化

最近几年人工智能技术的发展突飞猛进，人工智能技术在各行各业内纷纷投入应用，智能化热潮已经席卷了社会各个领域。作为物联网体系结构中的重要组成部分，感知传感器的智能化也是大势所趋。传感器的智能化是指传感器具有存储、决策、学习等功能，主要表现在自主感知、自主决策等方面能力的提升。随着嵌入式、5G、大数据、云计算、人工智能等新兴技术的发展和应用，传感器必将进入全新的智能化时代。传感器技术与人工智能技术的深度融合，为物联网产业及其产品的智能化提供了坚实的技术保证。智能传感器将成为未来几年传感技术的主流发展方向，全球传感技术强国纷纷在智能传感器领域谋篇布局。图 9-8 所示为 2020 年的全球智能传感器产业结构。

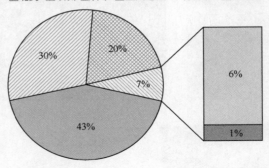

图 9-8
全球智能传感器产业
结构（2020 年）

（2）网络化

传感技术与信息数据的采集、传输、处理密切相关，感知、采集、传输信息数据是物联网感知识别层的最重要的功能。现代社会已经进入了大数据时代，无论是数据计算技术的发展还是网络传输技术的普及，再或是云平台服务的应用，都对传感器的网络化升级提出迫切要求。传感器的网络化不是简单地把传感器接入网络，它是指传感器在现场实现网络协议，使传感器可以就近接入网络，将采集到的数据在网络覆盖范围内实时发布和共享。根据网络的连接方式，传感技术网络化可以分为有线网络化和无线网络化。有线网络化技术成熟度高，但其部署成本高、灵活性差，不符合未来物联网大规模部署和灵活多变的应用模式，因此业界更加青睐把无线网络和传感器结合起来组合成无线传感网络（Wireless Sensor Network，WSN）的理念。WSN 综合了传感、嵌入式、无线通信、分布式和边缘计算等技术，现已成为学科交叉、知识集成的前沿热点研究领域。WSN 是由大量的静止或移动的传感器以自组织和多跳的方式构成的无线网络，协作感知、采集、处理和传输网络覆盖地理区域内被感知对象的信息，并最终把这些信息发送给网络的所有者。WSN 主要由节点、传感网络和用户这三大要素构成。在技术层面，WSN 具有能量受限、组网方式自由、网络拓扑结构灵活多变、网络韧度较高和通信安全性较低的特点。WSN 有十分广阔的应用前景，不仅在传统领域中的应用价值十分巨大，还可以在未来出现的新兴领域中展现其优越性。

（3）系统化

传统的传感技术各组成要素功能比较单一，特别体现在传感器上，通常只是完成数据的采集和传递。但随着物联网市场对传感器多元化需求的增加，系统化、集成化已然成为传感技术发展的必然趋势之一。通常情况下物联网设备产生的数据必须通过网络传输到信息中心或者云计算中心，经过集中式的存储、计算和处理才能使用。这种模式存在两个问题：一是降低了实时性；二是耗费了大量带宽。在这种情况下，边缘计算应运而生。所谓边缘计算指将数据或服务的计算由系统中心节点移向逻辑上的边缘节点进行处理。引入边缘计算技术可以更好地支撑物联网应用，但同时也要求人们不能将传感器或传感技术作为单独的器件或技术来考虑，而是要充分考虑传感、嵌入式、数据处理等新兴技术之间的独立性、交叉性、

电子活页 9-3

传感器的分类

电子活页 9-4

无线传感网络的
工作原理

融合性，采用集成化和系统化思想去研究传感器和传感技术的发展。

（4）无线感知

从主观感受到传感器再到传感网，人类对世界的感知方式在不断发展、进步。传感器从小型化到微型化，其类型也在多样化，使得数据采集越来越方便、快捷。物联网应用场景和规模不断增大，导致传感系统的部署及维护成本和难度持续增高。能否打破惯性思维，不采用任何传感器去实现感知呢？有研究人员提出利用环境中的无线射频信号来感知人的动作行为，从而实现非传感器感知，并取得了初步的成果。环境中已有的无线信号除了具有传输功能，还可以用来感知环境。无线感知技术对无线信号在空间传播过程中的变化进行分析，从而获取空间环境的特性，实现场景的感知。这里的场景既包括人的因素，比如是否有人，以及其位置、姿态、动作等，也包括其他外物的因素。无线感知提供了一种全新的感知方式：无须部署传感器，通过复用环境中已有的无线信号即可实现场景感知。无线感知技术已引起学术界和工业界的广泛关注，有很多学者在提升感知精度、提高健壮性、拓展应用场景等方面取得了创造性成果，将无线感知一步一步地带入现实。另外，工业界也正在对无线感知技术产品进行积极探索。无线感知技术的感知对象包括环境、物和人，潜在应用十分丰富，如果这种技术最终被证明切实可行，那么它将对传感技术甚至是整个物联网产业产生巨大的影响。

3. 网络与通信技术

网络与通信是物联网体系结构中网络构建层的关键技术，是物联网系统数据传输、服务支撑和上层应用的基础。在物联网的众多特性中，异构网络的融合和自治是其最为显著的特征之一。物联网中连接感知识别层和平台管理层的桥梁就是各类承载网络，在应用需求和网络技术多样性的作用下，物联网的网络架构呈现出多种网络并存、共用的局面。这些功能独立、结构各异的网络之间既会相互补充、相互促进，也会相互冲突、相互干扰，因此如何让它们实现无缝融合和自治管理，以及更加高效、协同地提供服务是物联网研究的一个重点。物联网使用的网络包括用于感知信息在内的个域网、有线和无线形式的局域网、城域网和广域网等，如图9-9所示。

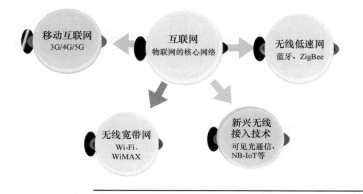

图 9-9
网络接入技术

物联网常用的网络形式有以下几种。

（1）互联网

互联网是一个全球性的计算机网络体系，具有全球性、开放性和平等性 3 个特点。互联网是构建物联网的核心网络，采用 TCP/IP 网络协议，从网络通信协议角度可分为 5 层，即应用层（Application layer，A）、传输层（Transport layer，T）、网络层（Network layer，N）、数据链路层（Data link layer，D）和物理层（Physical layer，Ph）。在互联网中每一个设备节点都采用 IP 地址进行标识，基于互联网的物联网应用正在迅猛地发展，接入网络中的物联网节点数量爆炸式增长，目前协议版本 IPv4 的地址资源已经耗竭，简单地依靠网络地址转换、应用网关这类地址复用技术已经无法从根本上解决问题，这严重制约了物联网的发展。为了彻底解决 IPv4 资源不足的问题，因特网工程任务组（Internet Engineering Task Force，IETF）牵头研究开发了 IPv6，彻底解决了 IPv4 资源不足的问题。此外，IPv6 还引入了分级地址、主机地址自动配置、内置认证和加密等新技术，为物联网的发展提供了非常好的技术条件和能力拓展。

（2）无线个域网

无线个域网（Wireless Personal Area Network，WPAN）是一种与无线广域网（Wireless Wide Area Network，WWAN）、无线城域网（Wireless Metropolitan Area Network，WMAN）、无线局域网（WLAN）并列但覆盖范围相对较小的无线网络。WPAN 设备具有价格便宜、体积小、易操作和功耗低等优点，且网络覆盖范围较小（一般在 10m 以内）。迄今为止，WPAN 技术得到了飞速的发展，蓝牙、超宽带（Ultra Wide Band，UWB）、ZigBee、射频识别、Z-Wave、近场通信（Near Field Communication，NFC）及 Wibree 等各种技术相继诞生，如表 9-1 所示，这些技术在功耗、成本、传输速率、传输距离、组网能力等方面各具优势。WPAN 的初衷是实现各种外围设备小范围内的无缝互联，随着上述 WPAN 技术的不断发展成熟，其设计初衷在不久的将来就会变成现实。面对当前标准林立的短距离无线通信市场，我们需要做的应该是扬长避短，不断地完善和创新。

电子活页 9-5

无线个域网
关键技术

表 9-1　常用 WPAN 技术性能对比

特性	蓝牙	UWB	ZigBee	红外	NFC	Z-Wave
传输距离	10～100m	10～100m	30～100m	1m	1～20cm	30～100m
传输速率	1Mbit/s	峰值 1Gbit/s	20kbit/s～250kbit/s	115kbit/s	424kbit/s	9.6kbit/s、40kbit/s、100kbit/s
频段	2.4GHz	3.1GHz～10.6GHz	2.4GHz	980mm（红外光）	13.56MHz	868.42MHz～908.42MHz
功耗	20mA	低	5mA	低	10mA	低
安全性	高	极高	中等	无	极高	高
成本	中	低	中	低	低	低

2022 年 10 月，致力于开发物联网开放标准的连接标准联盟正式发布了 Matter 1.0 技术规范，认证计划同时开放。这对以 WPAN 为基本连接方式的智慧家居来说具有里程碑意义。Matter 1.0 主要通过 Wi-Fi、Thread 和 Eth 运行，支持一系列智慧家居设备。开发人员利用 Silicon Labs 提供的硬件和软件一体化开发工具，可以便捷地将 Matter 桥接到其他的物联网开发平台，如 Wi-Fi、ZigBee、Thread 和 Z-Wave 等。物联网各

个生态环节的产业公司从此有了一套完整的解决方案，有利于各产业公司为市场提供跨品牌、跨生态互联互通的新型物联网产品，并使用户在隐私保护、安全性和服务性等方面获得更好的体验。

（3）无线宽带网

进入 21 世纪以后，随着网络技术、通信技术、芯片技术等技术及制造工艺的迅猛发展，移动设备（智能手机、平板电脑、感知器等）的数量已经渐渐地超过了固定设备（服务器等）。如何使海量的移动设备自由、稳定、快速地接入互联网呢？无线网络技术应运而生，解决了这一难题。所谓无线网络，是指无须布线就能实现各种通信设备互联，构成互相通信和实现资源共享的网络体系，是对用无线电技术传输数据网络的总称。物联网要实现物理世界的万物互联，需要低延迟、低功耗、低成本的节点互联与信息传输方式。以覆盖范围广、传输速度快、组网灵活性高为特点的无线宽带技术将在物联网时代扮演重要角色。根据网络覆盖范围的不同，可以将无线网络划分为 WWAN、WLAN、WMAN。

WWAN 是基于移动通信基础设施，由具体网络运营商经营维护的无线网络。WLAN 则是一个负责在短距离范围（室内、大厅、楼宇）内实现无线通信功能的网络，是有线局域网的拓展和延伸。WLAN 的主要优势体现在 4 个方面：安装便捷、使用灵活、经济节约、易于扩展。WLAN 以 IEEE 802.11 标准为基础，也就是人们日常使用的 Wi-Fi。WLAN 并不是完全独立的，它可以与 WWAN 结合起来提供更加强大的无线网络服务。WMAN 则是可以让接入用户访问固定场所的无线网络，其将一个城市或者地区的多个固定场所连接起来。WMAN 的技术优势体现在 3 个方面：应用频带宽、调制方式灵活、QoS 机制完备。WMAN 以 IEEE 802.16 标准为基础，传输距离达几十千米，传输速率高、提供高度灵活的组网方式，支持 IEEE 802.16d（固定）和 IEEE 802.16e（移动）宽带无线接入。全球微波接入互联（Worldwide Interoperability for Microwave Access，WiMAX）是实现 WMAN 的代表性技术。WiMAX 基站的传输带宽最高可达到 75Mbit/s，其视距（Line of Sight，LoS）传输距离可达 100 多千米，非视距（None Line of Sight，NLoS）传输距离也可达 40km 左右。

WLAN 和 WMAN 各有优势和不足，二者相为补充，共同发挥作用。WMAN 传输距离远，传输速率较高（75Mbit/s），重点是满足"最后一公里"的宽带无线接入市场需求。WLAN 不能很好地应用于室外的无线接入，在传输距离方面具有局限性，例如，Wi-Fi 的有效传输距离大约为 100m 左右。但是 WLAN 传输速率较高，例如，高通公司发布的 Wi-Fi 7 网络解决方案，其有效带宽高达 320MHz，数据传输速率峰值可达 40Gbit/s，可以彻底实现"无线全面取代有线"，相信随着 Wi-Fi 7 技术的普及应用，万物无线互联时代会加速到来。

（4）移动通信网

在现代通信领域中，移动通信是与卫星通信、光通信并列的重要通信方式之一。移动通信具有移动性、自由性，以及不受时间、地点限制等优势，深受广大用户欢迎。移动通信网（Mobile Communication Network，MCN）是指在移动用户和移动用户之间或移动用户与固定用户之间的"无线通信网"，是 WWAN 的一种。MCN 技术起源于 21 世纪 20 年代，到目前为止经历了 5 个发展阶段：第一阶段（1G），是采用 FDMA 技术的蜂窝移动通信（Cellular Mobile Communication，CMC）系统，主要支

笔记

持模拟语音业务；第二阶段（2G），是采用 TDMA 技术和 CDMA 技术的数字 CMC 系统，主要支持语音通话、短消息和多媒体短信；第三阶段（3G），是采用 CDMA（WCDMA、CDMA2000、TD-SCDMA）技术的支持高速数据传输的 CMC 系统，主要支持语音通话、短消息、多媒体业务；第四阶段（4G），采用以正交频分复用（Orthogonal Frequency Division Multiplexing，OFDM）技术为代表的支持高质量视频图像传输的 CMC 系统，主要支持语音通话、短信、多媒体、无线宽带接入；第五阶段（5G），是具有高速率、低时延和大连接特点的新一代宽带移动通信系统，作为一种新型移动通信网络，5G 系统主要面向 eMBB、URLLC 和 mMTC 三大应用场景。

从 2G/3G 向 4G/5G 的转型也是移动通信网络向万物互联的转型，5G 不仅要解决人与人的通信，为用户提供增强现实、虚拟现实、超高清（3D）视频等更加身临其境的极致业务体验，还要解决人与物、物与物的通信问题，满足物联网应用需求，是支撑经济社会数字化、网络化、智能化转型的关键新型基础设施。我国在 5G 基础设施建设上走在世界的前列，已经建成了全球最大的 5G 网络。物联网为数字经济发展拓展了新空间，物联网的广泛应用驱使云计算、大数据、人工智能、5G 等新一代前沿技术与实体经济各行业应用场景紧密结合，以应用反向促进数字技术发展，牵引数字产业化规模扩张。2022 年 6 月 9 日，在匈牙利布达佩斯召开的 3GPP RAN 第 96 次会议宣布 5G Release 17（R17）标准冻结，标志着 5G 第 3 个标准版本正式完成。R17 主要围绕改进商用特性，引入新功能、探索新方向等方面，对前两版进行改进。其中，RedCap 是 R17 中值得关注的关键点，主要是为中高速率的蜂窝物联网场景提供支撑。

（5）低功耗广域网

物联网利用网络与通信技术将人、物、环境连接在一起，然而功耗、距离、成本等一系列的问题却在一定程度上阻碍了物联网的发展。在智慧家居、工业数据采集等小范围区域一般可采用近距离通信技术，但对于范围广、距离远的连接则需要远距离通信技术。无线移动通信技术在发展到 4G LTE 后期发现，仅靠速率的提升无法继续满足日益增加的应用需求，于是展开了两个方向的研究：一是具有高速率、低时延和大连接特点的第五代移动通信技术（5G），二是面向物联网的中远距离和低功耗通信需求的低功耗广域网（Low Power Wide Area Network，LPWAN）技术。

电子活页 9-6

现有的移动通信网络技术虽然传输距离远，甚至可以实现全球覆盖，但是 CMC 技术的设计理念主要是实现人与人之间的通信，间接导致了基于 CMC 技术的物联网设备有功耗大、成本高等劣势。LPWAN 专为低带宽、低功耗、远距离、大量连接的物联网应用而设计。LPWAN 根据工作频段可分为两类：一类是工作在未授权频段的，具有代表性的有 LoRa、SigFox 等技术；另一类是工作在已授权频段的，具有代表性的有 NB-IoT、EC-GSM、LTE Cat-M（也称为 LTE-M）等，如表 9-2 所示。

什么是 LoRa 和 NB-IoT

表 9-2　LPWAN 技术参数对比

特性	蓝牙（低功耗）	Wi-Fi	ZigBee、Thread	LTE-M	NB-IoT	LoRa
传输距离	10m ～ 1.5km	10 ～ 100m	30 ～ 100m	1 ～ 10km	1 ～ 10km	21 ～ 10km
传输速率	125kbit/s ～ 2Mbit/s	54Mbit/s ～ 1.3Gbit/s	20 ～ 250kbit/s	峰值 1Mbit/s	峰值 200kbit/s	10 ～ 50kbit/s

续表

笔记

特性	蓝牙（低功耗）	Wi-Fi	ZigBee、Thread	LTE-M	NB-IoT	LoRa
功耗	低	中	低	中	低	低
长期成本	一次性	一次性	一次性	反复	反复	一次性
模块成本	35 元以下	70 元以下	50～100 元	50～140 元	50～140 元	50～100 元
拓扑结构	点对点、星形、网状、广播式	星形、网状	网状	星形	星形	星形

随着网络通信技术和新材料技术的发展与应用，传感器及其他网络组件和带宽的成本会持续不断地降低，物联网在"万物互联"方面取得长足进步，正在迈向"万物智联"。网络与通信技术是物联网产业里的核心关键技术，毫无疑问以 NB-IoT 和 LoRa 为代表的 LPWAN 是当下和未来发展中物联网的热点方向。LPWAN 凭借其低成本、低功耗和广域覆盖等优点可能成为将来物联网系统的骨干网络。需要注意的是，并非所有 LPWAN 技术都是相同的，在采用 LPWAN 技术开发 M2M 和物联网时，应该对服务质量、可扩展性、生命周期、移动性、安全性、公共与私有网络和专用与标准解决方案等因素做综合的考量。

（6）卫星物联网

网络信息技术的持续进步，已经成为驱动创新发展的先导力量，对人类社会体系的演进产生深远影响。地面信息网络作为支撑社会发展的重要信息基础设施一直处于优先发展的地位，特别是 5G 技术的出现及应用，标志着地面移动通信技术领域已获得了长足进步。然而移动通信网络并没有真正实现无处不在、无时不在，仅通过移动通信网络无法满足全球网络全域覆盖、安全自主可控、各类用户灵活接入的需求。在这个背景下，借助信息网络融合发展的热潮，人们提出将卫星通信网融入现有的地面移动通信网络，构建基于第六代移动通信技术（6G）的陆海空天一体化无线通信网络的发展愿景。

陆海空天一体化信息网络是以地面网络为基础、以天基网络为延伸，覆盖太空、天空、陆地、海洋等自然空间，为天基、空基、陆基、海基等各类用户的各类活动提供信息保障的信息网络基础设施。在未来陆海空天一体化信息网络融合的发展趋势下，卫星网络作为这一体系的重要组成和衔接部分将逐渐受到重视和青睐。随着航天技术和空间网络技术的迅速发展，现代卫星通信系统正在加速向网络化发展。由多颗卫星组成的卫星星座，或者是卫星互联网通常具备良好的覆盖能力、移动性和可扩展性，让它不受地理环境和时间限制，能够为任何人在任何地点、任何时间实现通信，在不久的将来会作为地面通信网络的补充和延伸，成为新兴的重要通信方式。

目前，卫星互联网已经成为全球科技企业的新风口。卫星互联网是通过卫星为全球提供互联网接入服务的网络系统，简单来说就是使用低轨高通量卫星实现高带宽、低时延宽带覆盖，从而达到与目前移动通信相似的效果。在技术层面，通过发射足够数量的近地轨道卫星，为全球任意一个地点提供低时延、高速宽带网络服务。低轨道的卫星制造和发射成本低，信号落地延迟小、强度高，且轨道空间有限。比较具有代表性的卫星互联网建设项目有我国的"星网"计划、SpaceX 公司的"星链"计划（见图 9-10）。

图 9-10
SpaceX 公司的
"星链"计划

以卫星互联网与地面无线网相融合为核心的新一代陆海空天一体化无线网络技术，其目的就是进一步促进物联网的发展，真正实现"无处不在"的万物互联。2022年 6 月，我国的紫光展锐公司联合北京鹏鹄物宇公司成功完成基于 R17 IoT NTN 标准的 5G 卫星物联网系统的上星测试，充分验证了该系统在技术层面的可商用性。R17 IoT NTN 技术可以使 5G 物联网与卫星网络协同部署，一方面扩展了海面、空域、无人区等区域的覆盖；另一方面使卫星网络可以共享移动通信网络的产业规模，降低了终端和网络成本，为未来的大规模物联网应用提供了技术支撑。

4. 数据与管理技术

物联网有一个重要特征就是要连接海量的网络节点，节点设备除了人和服务器，还包含传感设备、网关、交换机、物品等，数量规模远远超过互联网，所以物联网对数据技术的要求也要高于互联网。物联网数据有 5 个重要特点：海量性，物联网设备工作周期长，数据生成频率更高；实时性，物联网的感知设备采集到的数据大多具有时效性，需要实时传输、访问、控制；相关性，物联网数据在描述实体时在时间、空间等维度上具有不同程度的关联；有效性，物联网数据是否真实可靠、是否有冗余，将直接影响到系统决策的准确程度和效率，决策结果最终会反馈到物理世界；多样性，物联网应用领域广泛，不同应用场景下对应的数据类型、数据格式可能都是不同的。

物联网数据是海量的流式数据，需要分析的数据种类和数量都成倍增加，会引发数据存取效率低、检索分析速度慢等问题。传统的关系数据库、非关系数据库以及流式计算引擎由于没有充分利用物联网数据的特点，性能提升极为有限，只能依靠集群技术，投入更多的计算资源和存储资源来处理，导致系统的运营和维护成本显著增高。此外，各种异构网络或多个系统之间数据的融合问题，以及怎样在海量的数据中及时挖掘出隐含的有价值的信息，同时也给数据处理带来了巨大的挑战。综合上述内容可以总结出，如何合理、高效地整合、挖掘和智能处理海量的数据是急需解决的问题。那么是否存在安全、可靠的解决方法呢？答案是肯定的，那就是物联网云平台解决方案，如图 9-11 所示。物联网云平台结合大数据、云计算等分布式计算技术，为物联网提供了全新的计算模式，可根据实际应用需求提供动态伸缩的计算服务，其具有相对可靠、安全、高效的数据中心，同时兼有互联网服务的便捷、经济和算力强的能力，可以轻松实现不同系统间的数据与应用共享，用户无须担心隐私泄露、病毒破坏和黑客攻击等安全问题。物联网云平台的优势在于它的高灵活性、可扩展性和高性价比等，经过近几年的探索发展，即将步入快速发展的新阶段。

笔 记

图 9-11
物联网云平台技术

任务 9.3 应用物联网云平台创建项目

任务描述

物联网云平台目前正处于高速发展阶段，它在推动数字经济发展、赋能传统产业转型升级方面起着十分重要的作用。物联网云平台目前广泛应用在汽车电子、工业制造、农业生产、智慧家居、交通物流、医疗等多个领域，渗透到人们日常生活的方方面面。随着物联网云平台基础设施建设的进一步完善，有些云平台供应商提供免费服务，如阿里云、OneNET、百度云等。用户借助这些平台免费开放的服务，即可一站式开发物联网应用和集成项目，体验到物联网云平台带来的便捷。

任务目标

1. 了解物联网云平台的基本概念。
2. 熟悉主流物联网云平台的使用。

任务实现

典型工作环节 1 了解物联网云平台的基本概念

随着经济社会数字化转型的持续推进，物联网已经成为新型基础设施的重要组成部分。当前信息技术发展和服务模式创新在云计算技术上得到集中体现，云计算也成为承载各类应用的关键基础设施之一，为物联网的发展提供基础支撑。在政府积极引导和企业战略布局的推动下，以大数据支撑、云服务共享、智能化协作的物联网公共服务体系逐步建成，促使产业链集聚协同服务，为我国产业升级提供数据化、信息化的助力。

1. 物联网云平台的概念

物联网云平台是由物联网中间件的概念演进而成，它是联动感知识别层和综合应用层的中枢系统。物联网云平台是架设在 IaaS 上的 PaaS，把物联网平台与大数据、云计算等新兴前沿技术进行融合，向下整合、存储感知数据，管理、控制物联网终端设备，向上提供应用开发的标准接口和共性工具模块，以 SaaS 形态间接为用户提供服务，通过对数据的处理、分析和可视化，提供高质量决策支撑。

物联网云平台是物联网相关产业链的关键环节，其产品或服务通常具有两个发展目标：一是产品目标，赋予产品更丰富、完善的功能，提升产品或服务在市场中的竞争力，进而获取更多的用户或抢占更多的市场份额；二是运营目标，物联网产业发展到现在，底层技术逐步成熟，因此未来物联网云平台的价值将体现在软件及服务方面，应加快由扩大产品销售供给向丰富服务供给的转型，转而走向持续增量运营与服务的发展路线。随着应用规模增大、数据资源沉淀、分析能力提升、场景应用丰富且深入，物联网云平台的市场潜力将持续释放。

2. 物联网云平台的系统架构

物联网云平台定位于物联网技术的中间核心层，其主要作用体现在两个方面：一是向下通过网络构建层连接智能化物联网设备，实现设备的连接、存储、分析等功能，解决接入设备的多样化和碎片化难题；二是向上承接综合应用层提供丰富、完备的云端 API，应用端可以通过调用云服务 API 将指令下发至设备端，实现远程管理和控制，大大简化海量设备管理的复杂性，达到节省人力、提升效率的目的。图 9-12 所示为阿里云物联网平台的系统架构。通常，物联网云平台可以分解为以下 4 个关键层次。

（1）连接管理平台：解决跨业务栈的海量异构设备接入。

（2）设备管理平台：设备的统一管理、控制与固件升级。

（3）应用使能平台：提供数据开发工具与环境。

（4）业务分析平台：调取云计算与人工智能等的数据分析能力。

图 9-12
阿里云物联网
平台的系统架构

物联网云平台属于云计算 3 种服务模型（IaaS、PaaS、SaaS）中 PaaS 的一部分，它以数据为养分生长，在各类物联网平台的作用下，将数据向下游应用赋能，在这个过程中实现用户数据的增值。此外，物联网云平台还具备其他功能，如安全认证与权限管理、边缘计算能力、弹性部署能力、规则引擎、组件扩展等。

3. 物联网云平台的部署模式

物联网云平台遵循云服务的部署模式，通常分为公有云、私有云、专有云和混合云 4 种模式。

公有云部署模式通常是由第三方云平台供应商为用户提供满足需求的服务，客户通过开放的公有网络使用，具有高开放性、低成本、标准化、高可复用性等特点，这与物联网云平台的需求特征十分契合，可有效解决连通性缺乏与场景割裂等应用问题，是目前云服务市场的主要部署模式，常用的有亚马逊云、微软云、阿里云。

私有云部署模式是为某一用户（如企业）单独使用而构建的，用户拥有平台基础设施，在数据、安全性和服务质量方面能够自主可控，并通过使用应用程序管理和虚拟化来提高资源利用率，比较有代表性的有 OpenStack、机智云。随着数字经济规模的不断扩大，一些资本较为充足的企业或团体，为了加强自身的数字化建设，纷纷着手部署私有物联网云平台，好的私有物联网云平台可以推动组织 IT 结构的转型并带来巨大的经济效益。

专有云部署模式是为若干个具有相同需求的用户（如企业）共同使用而构建的，云平台基础设施建设、管理、维护的主体和所属权可能归其中一个、几个或者是全部用户所有，也可能归第三方所有。专用云部署模式是针对企业级市场的使用特点，为客户量身打造的开放、统一、可信的企业级云平台，比较有代表性的有阿里的Apsara Stack（见图 9-13）、萤石物联专有云 2.0。

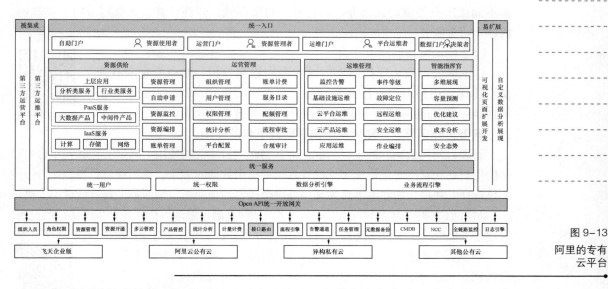

图 9-13
阿里的专有云平台

混合云部署模式是将不同类型的云平台连接在一起使用，如公有云和私有云、专有云和私有云连接。混合云部署模式将通常建设在用户（企业或团体）的物理范围内的本地基础设施（私有云）扩展到云中，它们之间既相对独立，各自发挥自身优势，又相互结合后产生"1+1 > 2"的效果。Harris Poll 的调查报告中指出"目前在全球已经有超过90%的企业采用了混合云"，混合云部署模式毫无疑问将成为新常态，比较具有代表性的混合云平台有微软的Azure Arc、阿里的Apsara Stack。

4. 主流的物联网云平台

在这个物联网应用及云服务需求爆发式增长的时代，物联网云平台已经得到广泛的认可。依托功能强大的物联网云平台，企业、组织或个人可以免于高额的投资和昂贵的维护成本，构建具有可用性高、容错性强、弹性和扩展性好的物联网解决方案。下面介绍一些市场上主流的高效物联网云平台，这些平台可以提供丰富的物联网应用云服务。

（1）亚马逊云

亚马逊云服务（Amazon Web Services，AWS）平台提供计算、存储、数据分析、物联网、部署与管理等服务。

（2）微软云

微软云旨在为开发者提供一个平台，帮助开发可运行在云服务器、数据中心、Web和个人计算机上的应用程序，主要提供基于微软全球数据中心的存储、计算能力和网络基础服务。

（3）谷歌云

谷歌云平台（Google Cloud Platform，GCP）提供了一系列的计算、存储和应用程序开发的托管服务，主要服务的覆盖范围包括计算、存储、网络、大数据、机器学习和物联网以及云管理等。GCP的优势主要体现在大数据处理工具、人工智能和机器学习计划以及容器支持。

（4）阿里云

阿里云致力于以在线公共服务的方式，提供安全、可靠的计算和数据处理能力，基本涵盖所有关键的云服务，如托管、对象存储、弹性计算、大数据分析、物联网、机器学习等服务。

（5）Oracle物联网云平台

Oracle公司致力于提供实时的物联网数据分析、端点管理和高速消息传递，用户可以直接在其设备上获得实时通知。Oracle物联网云平台是一种PaaS平台，可以帮助用户做出关键业务决策。

电子活页 9-7

20个物联网云平台

典型工作环节2　熟悉主流物联网云平台的使用

下面以阿里云物联网平台为例，讲解物联网云平台的使用。阿里云物联网平台可以帮助用户在物联网时代快速实现设备数据和应用数据的融合，是实现设备智能化升级的绝佳选择。阿里云物联网平台为客户提供全托管的企业级实例服务，具有低成本、高可靠、高性能、多形态部署的特点，无须自建物联网基础设施即可接入各种主流协议的设备、管理运维亿级并发规模的设备、存储备份和处理分析EB量级的设备数据。

阿里云物联网平台提供了免费试用的公共实例和付费使用的企业版实例，公共实例只要进行简单的账号注册即可免费体验，但仅开放了有限的几个功能，支持一键升级为企业版实例；企业版实例功能全开放，注册账号后付费使用，使用成本对企业用户而言比较友好。

电子活页 9-8

阿里云物联网平台使用案例

小思考：国内外有哪些可以免费使用的物联网云平台？

任务 9.4　练习

笔记

1. 选择题

（1）"智慧地球"是（　　）提出的概念。

A. 德国　　　　　B. 美国　　　　　C. 中国　　　　　D. 日本

（2）物联网是一种复杂多样的系统技术，根据信息生成、传输、处理和应用的分层原则，不包括下面（　　）。

A. 感知识别层　　　　　　　　B. 网络构建层

C. 管理服务层　　　　　　　　D. 安全层

（3）自动识别系统负责完成系统的（　　）。

A. 采集和存储　　　　　　　　B. 数据应用处理

C. 数据传输　　　　　　　　　D. 数据识别

（4）要获取物体的实时状态信息，就需要（　　）。

A. 计算技术　　　　　　　　　B. 通信技术

C. 识别技术　　　　　　　　　D. 传感技术

（5）在物联网云平台中，（　　）平台即服务。

A. IaaS　　　　　　B. PaaS　　　　　C. SaaS　　　　　D. QaaS

2. 填空题

（1）互联网一般可以划分为（　　　　　）、（　　　　　）、（　　　　　）、（　　　　　）、（　　　　　）5 层结构。

（2）全球各国均已将物联网作为"第三次信息革命"的战略产业，中国提出了（　　　　）物联网战略构想。

（3）（　　　　　）、（　　　　　）、（　　　　　）、（　　　　　）和（　　　　　）形成了物联网的网络构建层。

（4）（　　　　　）、（　　　　　）和（　　　　　）被称为信息技术的三大支柱。

（5）物联网产业链可以细分为（　　　　　）、（　　　　　）、（　　　　　）和（　　　　　）等环节。

3. 实训题

创建一个基于免费物联网云平台的产品接入和控制。

【实训目的】

（1）了解物联网云平台的整体框架。

（2）熟悉物联网云平台的使用。

【实训内容】

（1）查找国内外免费的物联网云平台。

（2）选取一个免费的物联网云平台，完成简单的产品接入和控制。

学习单元 10 数字媒体基础

学习目标

【知识目标】

1. 识记：数字媒体的基本概念和发展趋势。

2. 领会：数字媒体的主要构成和特点。

【能力目标】

1. 能够简单应用声音、图像、音频、视频制作软件。

2. 能够将声音、图像、音频、视频等多种数字媒体技术集成到交互式媒体软件中，完成交互式网页制作。

【素质目标】

1. 能够通过对案例的学习，能够理解数字媒体技术的内涵，不断提高解决实际问题的能力。

2. 能够主动关注新技术的发展趋势，具备自主学习和探究的能力，逐步培养创新能力，展望未来的数字媒体将给人们日常生活、学习和工作带来的改变，能够适应新技术、新应用的发展趋势。

单元导读

随着我国数字经济的发展，以数字资源作为关键要素，以现代信息网络作为主要载体，以信息通信技术融合应用、全要素数字化转型作为重要推动力，正推动着我们的生产方式、生活方式深入变革。而数字媒体作为其中的重要手段，为我们提供了便捷的服务：我们可以登录学习网站，学习感兴趣的课程；也可以使用浏览器看新闻；还可以使用购物平台购买日用品，产品细节与参数清晰可见。

本单元介绍数字媒体的基本概念及主要类别，着重介绍基于网络和 XR 扩展现实平台的交互式数字媒体的概念及优势。本单元还通过具体实例，讲解从交互式数字媒体的需求分析、目标定位、创意构思、内容设计、脚本编写、结构设计、构建设计、软件开发、应用测试到出版发行的完整流程及应用。为了让读者能够更快地了解数字媒体技术的特点，并且能够掌握一些实用的技能，本单元制订了如下任务。

1. 初识数字媒体。

2. 了解数字媒体主流工具。

3. 掌握交互式数字媒体的制作。

任务 10.1　初识数字媒体

任务描述

随着互联网的发展，在传统媒体当道的时代，信息的传播载体从语言变成文字，再到如今的电信号；从纸张到胶片，再到如今的无线媒体。当前，智能设备已经成为人们生活中不可或缺的组成部分，技术的发展和进步也让信息的表达有了更加丰富的表现形式。例如，图片、文字、视频、音频组成的网页，集成了多种数字媒体形式，页面生动、丰富，并且能够通过单击、手指触摸等方式，将系统和用户链接在一起，产生交互关系；新一代的 3D 网页技术，能够在平面网页的基础上，通过 3D 图形的表现、沉浸式声音等方式，让体验更具有沉浸感，深入打动用户。

任务目标

1. 了解数字媒体的基本概念。
2. 了解数字媒体的表现形式。
3. 了解数字媒体的发展趋势。

任务实现

典型工作环节 1　了解数字媒体的基本概念

数字媒体（Digital Media）指以二进制数的形式记录、处理、传播、获取过程的信息载体，包括数字化的文字、图形、图像、声音、视频影像和动画等。与数字媒体相对的是实体书、报纸、杂志等平面媒体。

数字媒体可以独立存在于计算机中，但更多的是以数字媒体的集合形式发布在互联网上。与传统媒体相比，数字媒体具有以下特点。

1. 数字化

数字媒体中的全部要素都由计算机进行控制，以二进制数记录信息，以数字化的手段进行传递和再现，能够减少信息的存储容量和传输时间，能够方便地进行复制和编辑，也能避免信息和数据失真。

2. 集成性

数字媒体会集成多种媒体技术于应用中，对文字、图形、图像、声音、视频影像和动画等进行数字化处理，最终形成数字媒体应用。多种集成方式让数字媒体更丰富、有趣。

3. 交互性

数字媒体最终的呈现形式是人机交互形式，用户可以按照自己的意愿进行选择和控制。人通过人机界面向计算机输入指令，计算机经过处理后将输出的结果反馈给用户。从交互的方式来讲，最早是以手动作业的形式，到作业控制语言及交互式命令语言阶段，到图形用户界面阶段，再到目前已经发展到多通道、多媒体的智能人机交互阶段。用户可以通过语音识别、手势识别等智能化的识别方式输入指令。

4. 便捷性

用户可以按照自己的需求、兴趣、任务要求、偏爱和认知特点来使用信息，任取图、文、声等信息表现形式。资料的获取渠道更丰富，资料的数量更加庞大。

5. 多样性

数字媒体具有多样性。常见的数字媒体包括数字音频、数字视频、数字图像、社交媒体、网站、软件、视频游戏、数据库和电子书等，如图 10-1 所示，并且通过一些组合工具，可以将多种数字媒体类型组合在一起，让人们看到更加丰富多彩的内容。

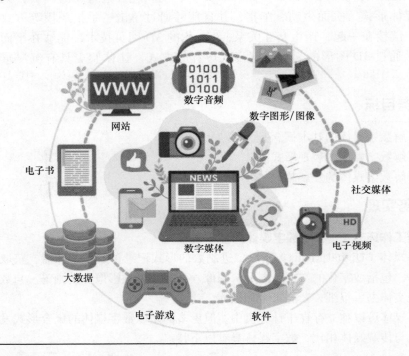

图 10-1
常见的数字媒体

典型工作环节 2　了解数字媒体的表现形式

1. 文本与文本处理

文字是一种书面语言，由一系列称为字符的书写符号构成。文字信息在计算机中使用文本来表示。文本是基于特定字符集成的、具有上下文相关性的一串字符流，每个字符均使用二进制编码表示。文本是计算机中常见的一种数字媒体，其在计算机中的处理过程包括文本准备、文本编辑、文本处理、文本存储、文本展现等，根据应用场合的不同，各个处理环节的内容和要求可能有很大的差别。

汉字种类繁多，字形复杂，其信息处理与通用的字母数字类信息处理有很大差异，突出表现在汉字输入输出技术和汉字处理系统的软件方面。但是，汉字信息在信息结构、交换、信息加工等方面与西文信息加工又存在共性。因此，在汉字信息处理中多采用与西文信息处理兼容的途径，以便充分利用已取得的计算机信息处理技术资源。同时，汉字信息处理还包括研究适合汉字特点的操作系统和汉字计算机语言。图 10-2 所示为计算机或移动设备中的汉字处理系统。

电子活页 10-1

ASCII 表

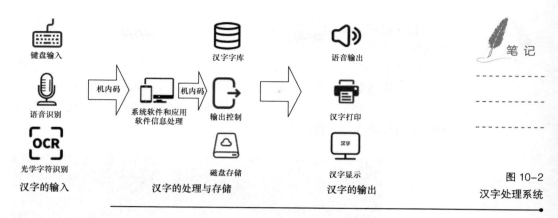

笔记

图 10-2
汉字处理系统

2. 图像与图形

计算机中的数字图像按其生成方法可以分成两大类：图像和图形。图 10-3 所示为互联网上图文排版的网页，主要由文字、图像、图形组成。

图 10-3
互联网上图文
排版的网页

图像又称位图（Bitmap），是指从现实世界中通过扫描仪、数码相机等设备获取的图像，一般是由像素（px）构成的，每个像素由若干位二进制存储。像素是构成数字图像的最小信息单位，大约为 0.26mm，多个像素通过在二维网格中的有序排列构成图像。像素越大，分辨率越高，图像越清晰。图像的基本属性包括像素、分辨率、大小、颜色、位深、色调、饱和度、亮度、色彩通道、图像的层次。位图的文件类型有很多，如 .bmp、.pcx、.gif、.jpg、.tif、.png、.psd 等。使用计算机对数字图像进行去噪、增强、复制、分割、提取特征、压缩、存储、检索等操作处理，称为数字图像处理。

电子活页 10-2

图像的属性

图形，这里特指矢量图形，在数学上定义为一系列由线连接的点。矢量文件中的图形元素称为对象。每个对象都是一个自成一体的实体，它具有颜色、形状、轮廓、大小和屏幕位置等属性。它并不是由一个个点显示出来的，而是通过文件记录线及同颜色区域的信息，再由能够读出矢量图的软件把信息还原成图像的。例如，一幅花的矢量图形实际上是由线段形成外框轮廓，由外框的颜色以及外框所封闭的颜色决定花显示的颜色。由于矢量图形可通过公式计算获得，所以矢量图形文件一般较小。

矢量图形的优点是对其进行放大、缩小或旋转等不会失真；缺点是难以表现色彩层次丰富的逼真图像效果。矢量图形格式有很多，如 .ai、.eps 和 .svg、.dwg 和 .dxf、.cdr 等。图 10-4 所示是一个免费的矢量图形下载网站，读者可以尝试下载矢量图形，并且用矢量图形编辑软件进行编辑。

图 10-4
矢量图形下载
网站

3. 数字声音

声音（Sound）是通过介质（空气或固体、液体）传播并能被人或动物的听觉器官所感知的波动现象。数字声音是一种利用数字化技术手段对声音进行录制、存放、编辑、压缩、还原或播放的声音。声音是传递信息的一种重要媒体，也是计算机信息处理的主要对象之一，它在多媒体技术中起着重要的作用。它具有存储方便、存储成本低、失真小、编辑和处理非常方便等特点。注意的是，音乐著作权是音乐作品创作者对创作的作品依法享有的权利，数字音频同样享有著作权，如果读者拍摄 Vlog 时用到背景音乐，或者在盈利的场合播放音乐，要注意避免侵犯音乐版权。图 10-5 所示是一款在线音乐播放软件，其中的音乐均是受版权保护的。

图 10-5
音乐播放软件

> **小思考**：你是否了解数字音频？数字音频有哪些格式？每种格式有什么样的特点？

4. 动画与视频

视频（Video）泛指将一系列静态影像以电信号的方式加以捕捉、记录、处理、存储、传送与重现的各种技术。连续的图像变化每秒超过 24 帧（Frame）时，根据视觉暂留原理，人眼无法辨别单幅的静态画面，看上去是平滑、连续的视觉效果，这样连续的画面叫作视频。

视频技术最早是为了电视系统而发展的，但现在已经发展为各种不同的格式。网络技术的发达也促使视频的记录片段以串流媒体的形式存在于互联网之上，并可被计算机接收与播放。视频与电影属于不同的技术，后者是利用照相技术将动态的影像捕捉为一系列的静态照片。随着近些年的通信技术的进步，数据传输速率的大幅提升，在线短视频网站如雨后春笋般涌现，越来越多的视频可以做到在线播放，无须像多年前，视频都需要下载到本地才能观看。图 10-6 所示是一款视频软件。

图 10-6
视频软件

动画是利用人的视觉暂留特性，快速播放一系列连续变化的图形、图像，包括画面的缩放、旋转、变换、淡入淡出等特殊效果。通过动画可以把抽象的内容形象化，使许多难以理解的教学内容变得生动、有趣。合理使用动画可以达到事半功倍的效果。动画的基本原理与电影、电视一样，都是利用了视觉暂留原理。不同的是，动画是一种表现形式，视频是一种播放方式。

动画的分类：通过帧速率区分动画，一般来说常见的动画都属于关键帧动画（Keyframe Animation），而逐帧动画（Frame By Frame）是全片每一秒都是标准 24 帧逐帧纯手绘的画面；从制作的技术划分，包括传统有纸动画（赛璐珞）、无纸 2D 动画、3D 动画、定格动画。定格动画也是属于逐帧动画。图 10-7 所示是逐帧动画和关键帧动画的原理。

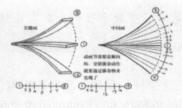

逐帧动画 　　　　　关键帧动画

图 10-7
逐帧动画和关键
帧动画的原理

5. 网页

超文本标记语言（Hypertext Markup Language，HTML）是一种用于创建网页的标准标记语言。严格意义上，HTML 并不是一种编程语言，而是一种标记语言，它使用一套标记标签来发布带有结构的 Web 页面。HTML 文本是由 HTML 命令组成的描述性文本，HTML 命令可以说明文字、图形、动画、音频、表格、链接、视频等。HTML 运行在浏览器上，由浏览器来解析，可以使用 HTML 来建立 Web 站点。每一个 HTML 文档都是一个静态的网页文件。HTML 与其他 Web 技术（包括脚本语言、组件、公共网关接口等）结合，可以创造出功能强大的页面。

网页其实就是多种数字媒体形式的集合，相较于前文所述的单一数字媒体形式的展示，网页能够集成多种数字媒体形式，以 HTML 为基础，融合基本的文本、图形，以及精美的图片、生动的动画和视频，最终呈现到用户面前。打开网站，通过开发者工具，可以看到这个网页中包含的各种要素，如图 10-8 所示。

图 10-8
网页开发者模式

从 1993 年 6 月因特网工程任务组发布 HTML 工作草案开始，到 2014 年 10 月 28 日，HTML5 成为万维网联盟（World Wide Web Consortium，W3C）推荐标准。经过多年的发展和演变，HTML5 已经成为公认的下一代 Web 标准，极大地提升了 Web 在富媒体、富内容和富应用等方面的能力。

电子活页 10-3

互联网 Web 技术的
发展史

6. 交互式媒介

交互式媒介（Interactive Media）是一个含义宽泛的概念。它以声、文、图等的整体数显流为基础，因此大多同时具有电视、音响、打字机、传真机和电话等几种或多种媒介的功能。更重要的是，交互式媒介允许信息接收者控制信息并能做出反应，达到人机对话，故称之为交互式媒介。交互式媒介是一种新型媒介方式，其中媒体的输出来自用户的输入，注重与用户的参与合作。交互式媒介与传统媒介仍然具有相同的目的，但是用户的输入增加了互动，并为系统带来了有趣的功能。

随着交互技术的发展，新兴的交互技术越来越接近人们的自然交互，人机交互不仅可以使用如计算机鼠标、键盘等传统的输入方式，动作捕捉技术，特别是 VR 交互手柄、AR 手势识别技术、混合现实（Mixed Reality，MR）手势操作等为交互式媒介提供了更好的用户体验。最新的交互式媒体具有沉浸感与互动性，使人们在欣赏艺术作品时拓宽了思想范围。在数字媒体艺术当中，有时可以利用虚拟手段表现现实，让人们可以产生真实的感觉。这种技术手段大大丰富了创作手段，数字媒体的创作范围变得更加宽广。

图 10-9 所示是一个 3D 交互式网页，在网页上可以自定义鞋子颜色样式并进行试穿，定制化的购物网站与链接定制平台，让购物更自由。

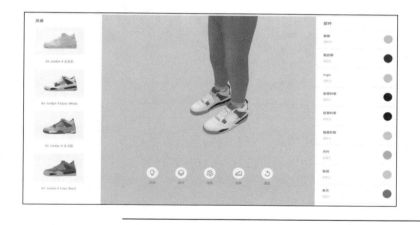

图 10-9
3D 交互式网页

典型工作环节 3　了解数字媒体的发展趋势

回看数字媒体技术的过去，20 世纪 80 年代以来，在硬件上，大规模集成电路的发展、精简指令系统计算机的提出、宽屏总线的应用等，为数字媒体奠定了基础；在技术层面，图形处理技术扩展了计算机的应用范围，光线追踪算法、辐射度算法等基于真实感图形的显示算法趋于成熟，为 2D/3D 图形、图像处理软件提供技术基础，交互性能更强，可视化程度更高。

20 世纪 90 年代开始，随着计算机 CPU 和内存性能的提高，存储技术的发展，图像、声音、视频技术的改进，互联网的出现和普及，人们进入互联网时代，数字媒体迅速发展，人工智能技术在机器学习、自然语言处理、计算机视觉、人机交互、生物特征识别等方面的研究更加深入，存储技术进步带来的海量存储设备的规模化、产业化发展，让数字媒体的传播和存储变为可能。

21 世纪以来，历经 1G、2G、3G、4G 的发展，5G 作为新型移动通信网络，解决了人与人通信的问题，同时为数字媒体的发展提供了关键的新型技术设施服务。近年来，我国也在政策上支持和规范 5G 应用的发展，加强通信互联网方面的基础设施建设以及各个相关行业的标准指定，为行业的规范发展提供标准。

随着新工具的出现、消费者提出新需求以及技术质量和可访问性的提高，数字媒体不断发展。移动视频、VR、AR 的兴起以及数据分析的精细化使用都将影响数字媒体的未来。那么，数字媒体的未来到底是什么样的呢？

1. XR 技术：数字世界新入口

XR（Extended Reality，拓展现实）技术是 VR、AR、MR 等相关技术的统称，如图 10-10 所示。其中，X 代表了未知数 X，是数字世界和物理世界融合的进阶，XR 不仅是显示的变革，还是人机交互方式的重大创新。

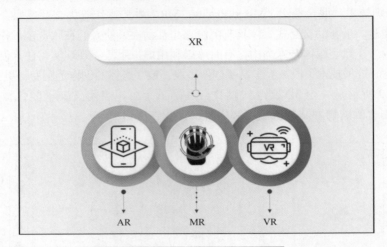

图 10-10
XR=VR+AR+MR

VR 技术指利用计算机等现代科技对现实世界进行虚拟化再造，用户可以即时、没有限制地与 3D 空间内的事物进行交互，仿佛身临其境。VR 强调了在虚拟系统中的人的主导作用。从过去人只能从计算机系统的外部去观测处理的结果，到人能够沉浸到计算机系统所创建的环境中，从过去人只能通过键盘、鼠标与计算环境中的单维数字信息发生作用，到人能够用多种传感器与多维的环境发生交互作用。VR 技术已逐渐被应用于工程、培训等领域。

AR 技术是一种融合真实场景和虚拟场景中的信息的技术。AR 眼镜是集合了显示技术、交互技术、传感技术、多媒体技术等，基于第一视角的交互方式，通过镜片将虚拟信息内容展示在用户的视场中，为用户提供增强现实的感官体验。相比 VR，AR 是一门更大的"生意"。经过几年的"用户培育"，AR 不仅在休闲应用领域取得进展，更是进入了多种面对企业端、政府端等应用领域，如安防、工业、旅游、医疗等。图 10-11 所示是 AR 技术在工业领域的应用，使用 AR 智能眼镜可以简化工业操作流程，通过远程辅助等方式提高工作效率。

MR 指的是合并现实和虚拟世界产生的新的可视化环境。在新的可视化环境里物理和数字对象共存，并可以实时互动。它是 VR 与 AR 的进一步结合发展，这一技术通过在虚拟环境中引入现实场景信息，在虚拟世界、现实世界和用户之间搭起一个交互反馈的信息回路，进一步增强用户体验的真实感。MR 的出现突破了完全虚拟的 VR 技术的局限，进一步拓展了人机交互的模式，相应地拓展了更广泛意义上的商业运用空间。

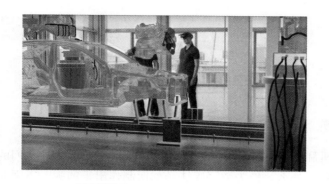

图 10-11
AR 技术在工业
领域的应用

2. 人工智能技术

人工智能是研究开发能够模拟、延伸和扩展人类智能的理论、方法、技术及应用系统的一门新的技术科学，研究目的是促使智能机器会听（语音识别、机器翻译等）、会看（图像识别、文字识别等）、会说（语音合成、人机对话等）、会思考（人机对弈、定理证明等）、会学习（机器学习、知识表示等）、会行动（机器人、自动驾驶汽车等）。人工智能技术目前主要应用在机器视觉、指纹识别、人脸识别、视网膜识别、虹膜识别、掌纹识别、专家系统、自动规划、智能搜索、定理证明、博弈、自动程序设计、智能控制、机器人学、语言和图像理解等方面。图 10-12 所示为当前阶段的人工智能产业结构。

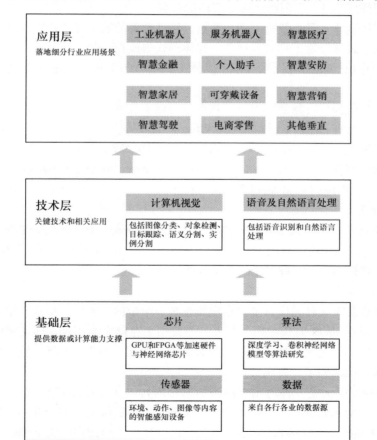

图 10-12
人工智能产业
结构

小思考：数字媒体是什么？数字媒体未来的发展趋势是什么？

任务 10.2　了解数字媒体主流工具

任务描述

随着计算机和智能设备的普及，我国网民规模增长迅速，人们的工作和生活都离不了数字媒体。那么，作为数字媒体是如何制作出来的呢？下面就一起来了解一下吧！

任务目标

1. 了解常用的数字媒体工具。
2. 选择感兴趣的数字媒体工具，并学会如何使用这款工具。

小思考：你知道常用的数字媒体工具有哪些吗？

任务实现

典型工作环节 1　了解数字媒体工具的分类

数字媒体制作工具一般指基于计算机、移动设备的数字媒体软件开发平台，开发人员使用数字媒体开发工具将各种数字媒体形式集成在一起。

按照创作出的作品运行平台数字媒体工具可分为单机作品制作工具和网络作品制作工具。

按照主要的操作对象数字媒体工具可分为以下几种。

（1）文字处理：记事本、写字板、Word、WPS 等。

（2）图形图像处理：Adobe Photoshop、CorelDRAW、Freehand 等。

（3）动画制作：AutoDesk Animator Pro、3ds Max、Maya、Flash 等。

（4）声音处理：Ulead MediaStudio、Sound Forge、Adobe Audition（Cool Edit Pro）、Wave Editor 等。

（5）视频处理：Ulead MediaStudio、Adobe Premiere、Adobe After Effects 等。

（6）集成软件：跨平台的 HTML 网页制作软件、3D 交互式网页制作工具。

典型工作环节 2　了解常用的数字媒体工具

1. 文本编辑工具

文本文档编辑软件是微软公司在操作系统上附带的一种文本格式，是常见的一种文件格式，早在 DOS 时代应用就很多，主要用于存储文本信息，即文字信息。其使用方便、轻巧，但是无法插入图片、视频等媒体格式。图 10-13 所示是文本文档编辑软件的界面，简洁明了，使用轻量化。

Markdown 语法是一种适用于网络的书写语言，文件扩展名是 md。作为一种新的书写语言，Markdown 语法避免了文本编辑完成后的排版与 HTML 不兼容的问题。极度精简的功能，让 Markdown 语法成为更适合技术人员使用的文本编辑工具。支持 Markdown 语法的编辑软件有很多，如 Typora、Joplin、Mark Text 等。图 10-14 所示是一款 Markdown 语法编辑软件。

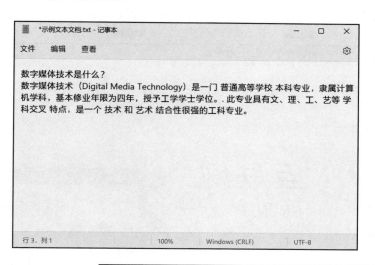

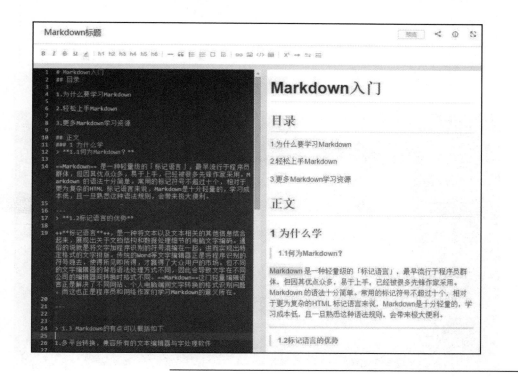

2. 图片编辑工具

PowerPoint 是由微软公司研发的演示文稿软件。利用 PowerPoint 制作的作品叫作演示文稿，其扩展名为 ppt、pptx。利用该工具可完成图文排版，在投影仪或计算机上进行演示。该工具多用于在工作汇报、产品推介、企业宣传、管理咨询、教育培训等场景。也可以 PowerPoint 功能基础上提供插件，让 PowerPoint 在排版、配色、发布等方面有更出色的表现。图 10-15 所示是使用 PowerPoint 制作的商业计划书。

Photoshop 是由 Adobe Systems 公司开发的图像处理软件，主要处理由像素所

笔记

构成的数字图像。Photoshop 有很多功能，可编辑图像、图形、文字等，还可以通过帧动画制作 GIF 动图。图 10-16 所示是使用 Photoshop 制作的 UI。

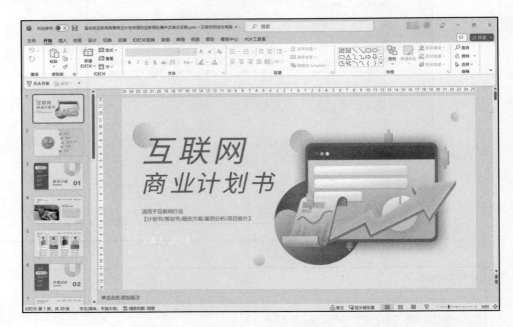

图 10-15
使用 PowerPoint
制作的商业计划书

图 10-16
使用 Photoshop
制作的 UI

3. 音频制作软件

Audition 是 Adobe 公司的音频编辑软件，包含用于创建、混合、编辑和复原音频内容的多轨、波形和光谱显示功能。图 10-17 所示为 Audition 的工作界面。

数字媒体中的常用音频文件格式包括 MIDI、WAV、MP3 和 AIF 等。

4. 视频制作软件

Adobe 公司的 Premiere 是一款专业的视频剪辑软件，用于视频段落的组合和拼接，并提供一定的特效与调色功能。Premiere 和 After Effects 可以通过 Adobe 动态链接联动工作，满足日益复杂的视频制作需求。其工作界面如图 10-18 所示。

数字媒体中常用的视频文件格式包括 MP4、RM、MPEG、AVI 等。

图 10-17
Audition 的工作
界面

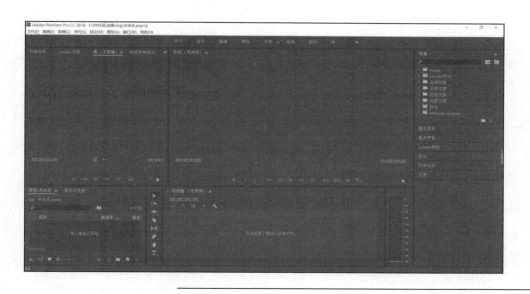

图 10-18
Premiere 的工作
界面

5. 动画制作软件

动画制作包括 2D 动画和 3D 动画的制作，2D 动画制作软件包括 Animator、After Effects 等，3D 动画制作软件包括 3D Studio Max、Maya、Blender 等。

3D Studio Max（缩写为 3ds Max）是由 Autodesk 公司推出的 3D 建模、动画和渲染软件，有易于使用的纹理、动画和渲染工具，为用户提供了丰富且灵活的工具组合，内置的 Arnold 渲染器提供丰富的体验，支持处理更复杂的角色、场景和效果。在动

笔记

笔记

画表现方面，3ds Max 可以制作 3D 关键帧动画、立体的动画效果等。图 10-19 所示是使用 3ds Max 制作的 3D 画面。

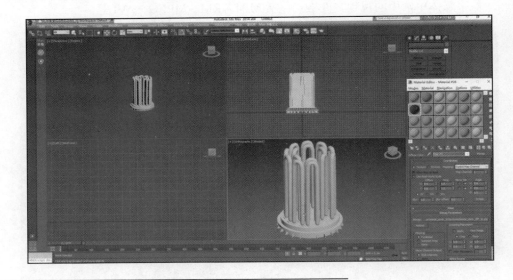

图 10-19
使用 3ds Max
制作的 3D 画面

典型工作环节 3　了解数字媒体集成工具

1. HTML 网页制作工具

Visual Studio Code（简称 VS Code）是由微软公司开发且跨平台的免费源代码编辑器。该软件支持语法高亮、代码自动补全、代码重构、查看定义功能，并且内置了命令行工具和 Git 版本控制系统。在该软件中通过添加 HTML 代码，可以添加图片、音频、视频等文件，集合多种数字媒体元素，最终发布到互联网上，成为可以浏览的网页。图 10-20 所示是 VS Code 网页编辑软件的工作界面。

其他网页类型的工具还有 Dreamweaver、Sublime Text、WebStorm、Atom、Brackets 等。

图 10-20
VS Code 网页编辑
软件的工作界面

2. 3D 交互式网页制作工具

3D 交互式网页是将实物的立体 3D 效果在网页上进行展示，让人产生身临其境的感觉，主要是通过 WebGL 技术进行处理，实现对 3D 效果的渲染。

目前，市面上的 3D 交互式网页制作工具有很多，包括 WebGL、JavaScript、3DPPT 等。

3DPPT 是由国内公司自主开发的 3D 演示工具，基于全新一代 3D 技术平台开发，将 3D 交互软件和智能技术与演示文稿相融合，在可选择的创作素材、创建功能和输出成果上相较于传统 PPT 做了拓展延伸，能够给创作者更大的创作空间，实现出色的视觉效果；同时将抽象的逻辑关系转换为具象的内容，帮助创作者更好地传达思想和观点，弥补了 3D 和空间交互编辑上的缺口。3DPPT 的工作界面如图 10-21 所示。

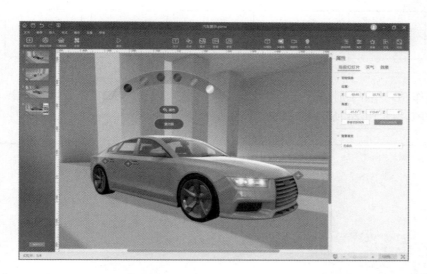

图 10-21
3DPPT 的工作界面

任务 10.3　掌握交互式数字媒体的制作

任务描述

交互式数字媒体以人机交互为基础展示数字媒体内容，在追求表现的同时，也致力于运用虚拟的手法提高感官的真实感。本任务以设计、制作一个 3D 产品手册为例，讲解如何制作并导出 HTML5 格式的交互式数字媒体成果。

任务目标

1. 设计 3D 产品手册。
2. 制作 3D 产品手册的具体内容。

小思考：根据前面学习的知识，如果让你制作一份数字媒体作品，你会选择哪些工具？

任务实现

典型工作环节 1　设计 3D 产品手册

本任务制作的是一个工业机床产品的 3D 产品手册，按照产品的特性，先从整体介绍产品的外观特性与详细参数，介绍产品的内部结构和拆解示意，最后介绍产品的使用价值，列出典型样件。手册分为 5 页，包括产品总览、参数介绍、内部结构、拆解示意和典型样件。图 10-22 和图 10-23 所示分别为制作流程和页面设计思路。

图 10-22
制作流程

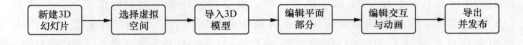

图 10-23
页面设计思路

第1页 产品总览	第2页 参数介绍	第3页 内部结构	第4页 拆解示意	第5页 典型样件

制作 3D 产品手册需要有合适的工具，用户可以访问 3DPPT 官网，下载并且安装 3DPPT。图 10-24 所示为 3DPPT 官网。

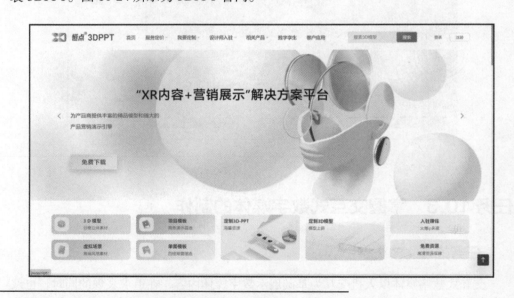

图 10-24
3DPPT 官网

典型工作环节 2　制作 3D 产品手册的具体内容

制作 3D 产品手册包括 6 个步骤：新建 3D 幻灯片、选择虚拟空间、导入 3D 模型、编辑平面部分、编辑交互与动画、导出并发布。

1. 新建 3D 幻灯片

单击"添加 3D 幻灯片"按钮，创建一张空白的 3D 幻灯片，如图 10-25 所示。

2. 选择虚拟空间

（1）单击"虚拟空间库"按钮，打开"虚拟空间"对话框。在"虚拟空间"对话框中选择合适的虚拟空间，这里选择"初始场景_金属明显"虚拟空间，将鼠标指针移至该虚拟空间上，会出现"下载资源"按钮，如图 10-26 所示。

图 10-25
创建空白的 3D
幻灯片

图 10-26
选择虚拟空间

（2）单击"下载资源"按钮，下载结束后出现"立即使用"按钮，单击"立即使用"按钮，当前虚拟空间则会切换到该虚拟空间。

> 小提示：虚拟空间属于 3D 空间，当前画面作为主摄像机，可以在虚拟空间中移动漫游，移动方式为，向前——"鼠标右键 +W 键"，向后——"鼠标右键 +S 键" 向后，向左——"鼠标右键 +A 键"，向右——"鼠标右键 +D 键"。

3. 导入 3D 模型

（1）单击"3D 模型库"按钮，打开"3D 模型"对话框。在搜索框中输入"加工机床"，单击"搜索"按钮，选择"加工机床"3D 模型并将其导入至 3D 幻灯片中，如图 10-27 所示。

> 小提示：该软件也支持导入本地模型，支持 .fbs、.obj、.3mf、.ply、.sil、.gltf、.ab 等通用格式的模型，3D 模型一般使用 3ds Max、Maya 等软件建模。

笔记

图 10-27
导入 3D 模型

（2）导入 3D 模型后，可通过控制器移动模型在虚拟空间中的位置，或者通过右侧属性界面中的"布局"分页属性设置位置参数，如图 10-28 所示。

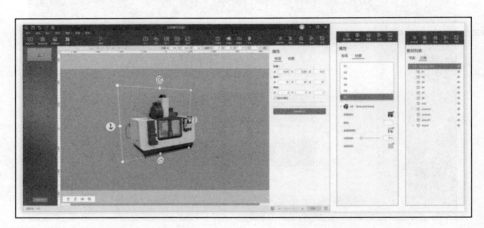

图 10-28
调整 3D 模型

小提示：

（1）如果要对 3D 模型的材质进行调整，可在右侧属性界面中切换到"材质"分页属性，选中渲染器列表中的选项，编辑渲染器上的材质球属性："纹理贴图（Albedo）"属性用于体现模型的纹理和颜色；"金属度（Metallic）"属性用于体现模型的金属高光反射；"法线贴图（Normal Map）"属性通过改变表面的光照结果，增加模型的细节。

（2）如果当前画面不需要显示模型细节，可以单击"素材列表"按钮，在"素材列表"界面上单击"三维"按钮，切换到"三维"分页列表，单击右侧的"眼睛"按钮将对应的素材设置为隐藏。隐藏不代表删除，进行细节设置时可以设置为显示。

4.编辑平面部分

（1）创建平面素材。在顶部菜单栏上单击"文本""形状""图片"按钮，即可创建对应的素材；双击对应的素材，即可编辑文本内容，如图 10-29 所示。

笔记

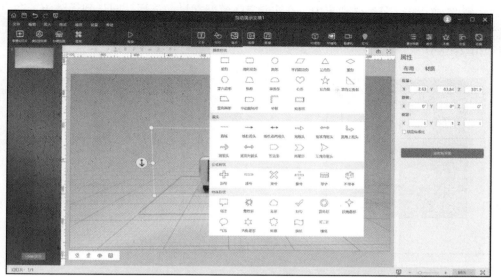

图 10-29
创建平面素材

（2）编辑文本的属性。在选中该素材后，单击"属性"按钮，切换到"文字"分页属性，编辑字体、字号、字体效果、对齐方式、文本颜色填充、文本线条等文字效果。如果需要编辑样式属性，将分页属性切换到"样式"分页属性，就可为形状设置颜色填充、渐变填充、图片填充、线条效果、阴影效果、外发光效果，如图 10-30 所示。

> 小提示：如果需要调整平面素材的层级顺序，上层覆盖下层，可在"属性"界面上切换到"布局"分页属性，在"排列"选项上调整层级，如图 10-31 所示的文字和渐变色形状的层级顺序。如果需要对素材进行排版，可使用"对齐"功能，将多个文本框、形状、图片对齐，有"居中对齐""居左对齐""居右对齐"等选项，使页面呈现得更整齐，美观度更高。

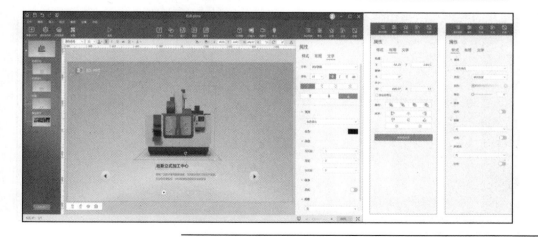

图 10-30
编辑平面部分

（3）由于这里是展示一款产品，适合使用子镜头的功能，右击当前幻灯片，选择"添加子镜头"命令 [见图 10-31（a）]，子镜头会自动继承父幻灯片的属性，这样可以

笔记

保证要展示的 3D 模型在每个子页面中是相同的位置和角度。父幻灯片中的 3D 模型如果有改动，可以在素材列表中，右击该 3D 模型素材，选择"同步到子镜头"命令[见图 10-31（b）]，选择要同步的子镜头名称，单击"确定"按钮，即可同步成功[见图 10-31（c）]。

（a）

（b）

（c）

图 10-31
添加子镜头

5. 编辑交互与动画

（1）基本的平面和 3D 素材编辑完成后，需要设置交互与动画。以图 10-32 所示界面中的"圆形向右"按钮为例，将鼠标指针移至"圆形向右"按钮上，"圆形向右"按钮出现移入状态，单击"圆形向右"按钮，切换至参数介绍页面。

（2）在"交互"界面上单击"编辑交互样式"按钮，打开"交互样式"对话框，设置"鼠标移入"和"鼠标按下"两种状态的样式，如图 10-32 所示。

（3）在"交互"界面上单击"添加单击事件"按钮，在"交互事件"下拉菜单中选择"跳转链接"选项，将"链接类型"设置为"子镜头"，将"选择页面"设置为"参数介绍"，即可实现单击素材后跳转到参数介绍页面的功能。

> 小提示：一个好的人机交互产品，除了功能实用、运行稳定、响应流畅、界面美观，能提升用户体验的另外一个至关重要的因素就是反馈，如鼠标操作时的提示反馈。

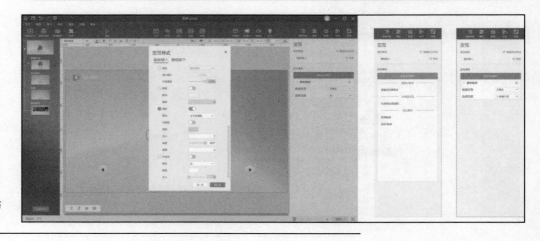

图 10-32
添加交互样式与
交互事件

（4）设置幻灯片的切换动画。在"切换"界面中单击"添加效果"按钮，在"切换效果"选择框中选择"平滑"效果，在播放时，页面之间的切换效果会自动平滑切换至下一页，如图 10-33 所示。

笔 记

图 10-33
设置切换效果

6. 导出并发布

（1）按照如上操作，为所有可单击的按钮添加交互，为所有页面添加切换效果后，可单击"播放"按钮，查看制作效果。当前 3D 产品手册可通过安装软件查看，如果需要导出为其他格式文件，单击"文件"按钮，在下拉菜单中单击"导出"，打开"导出"对话框。

（2）导出 Windows 系统应用程序，在"文件名称"文本框中填写文件名称、在"导出至"选项后单击"更改"按钮设置导出位置，在"文件密码"文本框中填写访问密码，单击"确认"按钮后开始导出，如图 10-34 所示。应用程序可直接在 Windows 系统中未安装软件的情况下播放当前作品。

图 10-34
导出并发布

笔 记

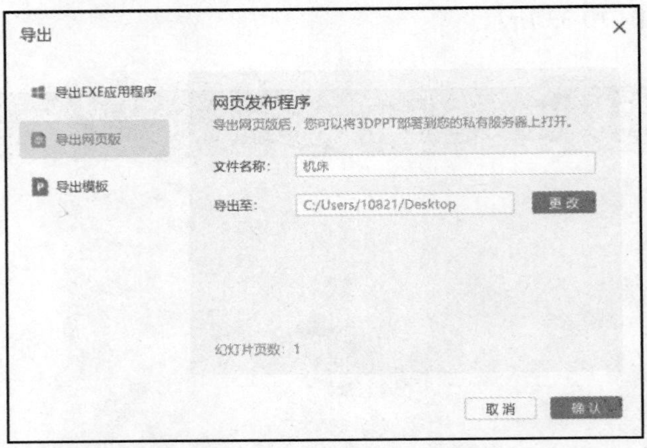

图 10-34
导出并发布（续）

（3）导出网页发布程序。导出完成后可将作品部署到私有服务器中并直接通过浏览器访问作品。

> 小提示：如果你在使用中有任何问题，可以随时查看官网提供的教程，这将帮助你更好地制作交互式 3D 网页。

任务 10.4　练习

1. 选择题

（1）以下（　　）不是数字媒体技术的特点。

A. 数字化　　　　　B. 交互性　　　　　C. 唯一性　　　　　D. 集成性

（2）光学字符识别技术的英文缩写为（　　）。

A. OAR　　　　　B. OBR　　　　　C. OCR　　　　　D. OKR

（3）（　　）可以用来制作 3D 动画。

A. Adobe Photoshop　　　　　　　B. Flash

C. Maya　　　　　　　　　　　　D. WPS

（4）虚拟现实的英文全称是（　　）。

A. Virtual Reality　　　　　　　　B. Augmented Reality

C. Mixed Reality　　　　　　　　D. Extended Reality

（5）以下（　　）是矢量图的格式。

A. .gif　　　　　　B. .bmp　　　　　C. .psd　　　　　D. .svg

2. 简答题

（1）扩展现实技术包括哪些具体的技术？

（2）我们都知道网页是多种数字媒体的集合，那么请问网页可以集合哪些数字媒体形式？

（3）简述制作 3D 幻灯片的具体步骤。

3. 实训题

应用本单元知识，使用 3DPPT 制作一张 3D 贺卡。

学习单元 11　虚拟现实基础

学习目标

【知识目标】

1. 识记：虚拟现实的基本概念、发展历程。

2. 领会：虚拟现实的内容呈现、行业应用、开发工具的使用。

【能力目标】

1. 能够简单应用常见的虚拟现实开发工具。

2. 能够使用相关工具完成简单的虚拟现实应用的开发。

【素质目标】

1. 能够针对虚拟现实领域的不同行业运用，利用虚拟仿真开发工具进行不同终端虚拟仿真软件的开发设计工作。具有良好的人文科学素养、团队合作能力和较强的社会责任感。

2. 能够不断地保持和拓展个人能力，熟悉虚拟仿真行业国内外发展现状和趋势，能适应虚拟现实技术的发展以及职业发展的变化。

单元导读

虚拟现实是 20 世纪发展起来的一项全新的实用技术。虚拟现实技术囊括计算机技术、电子信息技术、仿真技术，其基本实现方式是以计算机技术为主，利用并综合 3D 图形技术、多媒体技术、仿真技术、显示技术、伺服技术等多种高科技的最新发展成果，借助计算机、虚拟现实头显等设备产生一个逼真的有视觉、触觉、嗅觉等多种感官体验的虚拟世界，从而使处于虚拟世界中的人产生一种身临其境的感觉。随着社会生产力和科学技术的不断发展，各行各业对虚拟现实技术的需求日益旺盛。虚拟现实技术也取得了巨大进步，并逐步成为一个新的科学技术领域。

虚拟现实（含增强现实、混合现实）是新一代信息技术的重要前沿方向，是数字经济的重大前瞻领域，将深刻改变人类的生产和生活方式。经过多年发展，虚拟现实产业初步构建了以技术创新为基础的生态体系，正迈入以产品升级和融合应用为主线的战略窗口期。

为了让大家尽快了解与熟悉虚拟现实技术，本单元以虚拟现实零代码开发工具 VRC-Editor 为例讲解相关知识，并制订了如下任务。

1. 初识虚拟现实。

2. 探索虚拟现实的构成元素。

3. 构建虚拟仿真课件。

任务 11.1　初识虚拟现实

任务描述

航空发动机是一种高度复杂和精密的热力机械，为航空器提供飞行所需动力。作为飞机的"心脏"，它被誉为"工业之花"，直接影响飞机的性能、可靠性及经济性，是一个国家科技、工业和国防实力的重要体现。

在学校开展教学的过程中，学生想了解飞机发动机的结构及原理，传统的方式只能通过教师讲解结合图片、视频的方式来教学，这种方式比较抽象、难懂。利用虚拟现实技术，可以构建一个虚拟的教学情境，采用虚拟现实的形式真实还原飞机及发动机模型及环境，还原发动机内部结构。学生可以身临其境地在虚拟现实环境中动手操作。

任务目标

1. 了解虚拟现实的基本概念。
2. 了解虚拟现实的发展历程。

任务实现

典型工作环节 1　了解虚拟现实的基本概念

虚拟现实是一种可以创建和体验虚拟世界的计算机系统，能够模拟人在自然环境中的视觉、听觉、触觉等行为的高度逼真的人机交互技术，是利用人类的感知能力和操作能力的新方法。虚拟现实中的场景是由计算机硬件、软件以及各种传感器构成的3D虚拟环境。

虚拟现实具有以下特点。

（1）交互性，指用户对模拟环境内物体的可操作程度和从环境得到反馈的自然程度（包括实时性）。例如，用户可以用手去直接抓取虚拟环境中虚拟的物体，这时手有握着东西的感觉，并可以感觉物体的质量，视野中被抓的物体也能立刻随着手的移动而移动。它能自动操作整个业务流程，代替人完成高重复、标准化、规则明确、大批量的手动操作。

（2）沉浸感，又称临场感或存在感，指用户感到作为主角存在于虚拟环境中的真实程度。理想的虚拟环境应该使用户难以分辨真假，该环境中的一切看上去是真的，听上去是真的，动起来是真的，甚至闻起来、尝起来等一切感觉都是真的，如同在现实世界中。

（3）构想性，又称自主性，强调虚拟现实技术应具有广阔的可想象空间，可拓宽人类的认知范围，不仅可再现真实存在的环境，也可以随意构想客观不存在的甚至是不可能发生的环境。

虚拟现实技术的3个要素如下。

（1）图像

虚拟物体要有3D结构的显示，其中主要包括由以双目视差、运动视差提供的深度信息；图像的显示要有足够大的视场，造成"在图像世界内观察"而不能有"在窗口内观察"的感觉；显示画面符合观察者当前的视点，并能随观察者视点和视线的变化而变化；物体图像也能经得起细节审视。

（2）交互

虚拟物体与用户之间的交互是 3D 的，用户是交互的主体，能感到自己是在虚拟环境中参与对物体的控制；交互也是多感知的，用户可以使用与现实生活不同的方式（如手语）与虚拟物体进行交互。

（3）行为

虚拟物体独自活动或互相作用时，或者在与用户交互时，其动态过程要有一定的表现，这些表现或者服从自然规律，或者遵循设计者想象的规律，这也称为虚拟现实的自主性。自主性是指虚拟环境中物体依据物理定律动作的程度。如当物体受到力的推动时，物体会沿着力的方向移动、翻倒或从桌面落到地面等。

典型工作环节 2　了解虚拟现实的发展历程

1. 虚拟现实的发展历程

虚拟现实在技术成长过程中，历经了概念萌芽期、技术萌芽期、技术积累期、产品迭代期和技术爆发期 5 个阶段。

（1）1935 年，一部科幻小说首次描述了一款特殊的"眼镜"，这副眼镜的功能囊括视觉、嗅觉、触觉等全方位的虚拟现实概念，被认为是虚拟现实技术的概念萌芽。

（2）1962 年，电影行业为一项仿真模拟器技术申请了专利，这就是虚拟现实原型机，标志着技术萌芽期的到来。

（3）1973 年，首款商业化的虚拟现实硬件产品 Eyephone 启动研发，并于 1984 年在美国发布。虽然这款产品和理想状态相去甚远，但是开启了关键的虚拟现实技术积累期。

（4）1990—2015 年，虚拟现实技术才逐渐在游戏领域中找到落地场景，标志着虚拟现实技术实现产品化落地；飞利浦、任天堂等都是这个领域的先驱，直到 Oculus 的出现，才真正将虚拟现实带入大众视野。

（5）从 2016 年开始，随着更易用、更轻便的硬件设备出现，更多内容、更强带宽等基础条件的完善，虚拟现实迎来了技术爆发期。

2. 虚拟现实的应用领域

虚拟现实在教育、医疗、娱乐、房产家装、娱乐、社交及艺术领域的应用居多，其次是在军事、航空和商业等领域。下面简要介绍虚拟现实在部分领域的应用。

（1）教育领域

虚拟现实应用于教育是教育技术发展的一个飞跃。它营造了"自主学习"的环境，由传统的"以教促学"学习方式变为学习者通过自身与信息环境的相互作用来得到知识、技能。VRC-Editor 零代码开发工具的一些应用如图 11-1 至图 11-4 所示。

（2）医疗领域

虚拟现实在医学方面的应用具有十分重要的现实意义。在虚拟环境中，虚拟现实可以建立虚拟的人体模型，学生更容易了解人体内部各器官结构。图 11-5 所示是研究者在 20 世纪 90 年代初基于两个 SGI 工作站建立的一个虚拟外科手术训练器，用于腿部及腹部外科手术模拟。

笔 记

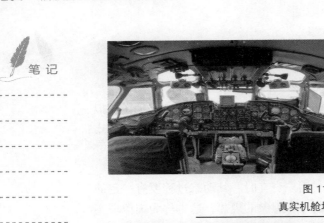

图 11-1
真实机舱场景

图 11-2
虚拟航天基地

图 11-3
真实航空发动机

图 11-4
虚拟发动机模型

图 11-5
虚拟外科手术
训练器

（3）娱乐领域

虚拟现实游戏的高沉浸感，让游戏的代入感更强。现阶段的虚拟现实游戏已经开始改变人们玩游戏的方式，提升了人们玩游戏的体验。未来，虚拟现实还会以更多的方式创新游戏，实现前所未有的互动体验。

虚拟现实技术的出现，让导演们拥有了一种新的讲故事的媒介，电影不再只是屏幕上的影像，它可以让观众更直观、真实地体验电影。

虚拟现实直播技术可以应用于体育赛事、演唱会、新闻报道等活动中，观众可以身临其境感受现场氛围。

（4）房产家装领域

虚拟现实可以以视觉形式反映设计者的思想。将设计师对房屋结构、内部装饰等的构思变成看得见的虚拟环境和物体，这样就可以直接供客户进行选择。

（5）社交领域

虚拟现实技术的沉浸性、交互性等特征为社交网络的发展提供了新的可能。社交网络将突破传统限制，打破现有的人机交互模式，使用户实现跨越屏幕的深层次互动、实现真正的零距离沟通。

（6）军事领域

最早的虚拟现实项目之一就是在 20 世纪 60 年代为军事作战系统开发的。虚拟现实在军事领域一直发挥着重要作用。

其应用主要包含以下几个方面：创建军事专项训练；创建用于军事国防的模拟系统；国防设备的设计、优化和维护；敏感国防项目或军事任务的远程协作。

> **小思考**：以上讲了很多虚拟现实的应用领域，能否举例说说你在哪些地方接触过虚拟现实应用？

3. 虚拟现实的发展趋势

虚拟现实技术虽然在近几年快速发展，但其应用远没有大众化。在未来，虚拟现实技术的设备及服务需要进一步发展完善，能营造智能化和实用型虚拟现实的应用环境，减少技术使用层面的困难，开发更多的内容丰富的 VR 作品或虚拟仿真应用软件，使虚拟现实技术更易推广和普及。图 11-6 所示是虚拟现实的发展趋势。

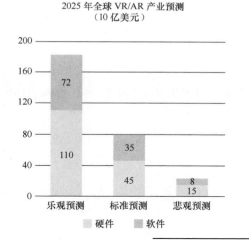

2025 年全球 VR/AR 产业预测（10 亿美元）

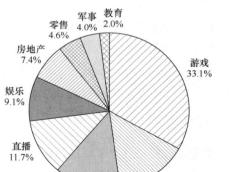

2025 年全球 VR/AR 应用市场标准预测

图 11-6
虚拟现实的发展趋势

虚拟现实的硬件除了计算机，主要是头盔。头盔由显示屏、光学器件、目镜、传感器和相应的器件组成。显示屏用来显示 3D 图像，光学器件用来产生立体感，目镜用来形成沉浸感，传感器和相关的器件用来产生交互作用。目前，虚拟现实技术还不完善，首先，沉浸式的 3D 图像显示的质量不高，还不能达到以假乱真的程度；其次，虚拟现实的交换方式还不能令人满意，还不能以比较自然的方式与虚拟对象进行交互。未来，虚拟现实公司需要研发和提供更高质量的虚拟现实头显设备。

虚拟现实从应用的方式看，包含 4 个方面：虚拟现实（包括虚拟现实套件、计算机和相应的软件等）的直接应用，虚拟现实在网络中的应用，虚拟现实和特定功能设备的配合应用，在网络中虚拟现实和特定功能设备的配合应用。

目前各厂家生产的虚拟现实设备标准不同，虚拟仿真软件和虚拟现实作品不能通用，影响了虚拟现实的推广和普及。为了虚拟现实的推广和普及，虚拟现实技术需要标准化。

沉浸式虚拟现实技术正在走向成熟，融合了光学工程技术、计算机技术、传感技术、多媒体技术、包含人工智能的人机交互技术、立体显像技术、网络技术、计算机仿真模拟和心理学等众多科学技术，标准化具有一定的困难。现在，一些国际组织如 IEEE 等，从 3D 显示技术、虚拟现实头盔、立体声系统、动作姿势追踪控制等方面进行了标准化的讨论。随着虚拟现实技术的成熟，国际标准化机构将对虚拟现实技术进行标准化，虚拟现实应用软件或虚拟现实作品能在不同厂家的设备上应用，虚拟现实会在各行各业得到普遍的应用。

任务 11.2　探索虚拟现实的构成元素

任务描述

虚拟现实是计算机技术与思维科学结合的产物，它的出现开辟了人类认识世界的新途径。虚拟现实技术的最大特点是：用户可以用自然方式与虚拟环境进行交互操作，拓宽了人类的认知手段和领域。虚拟现实技术具有较强的 3D 空间表现能力，可实现人机交互的操作环境在军事、航天、教育等领域的模拟等应用。

任务目标

1. 了解虚拟现实系统的组成。
2. 了解虚拟现实系统软硬件的构成。

小思考：你知道虚拟现实技术是怎么做到给人带来身临其境的体验感的吗？你知道虚拟世界是由哪些元素构成的吗？

任务实现

典型工作环节 1　了解虚拟现实系统的组成

一般的虚拟现实系统主要由计算机、应用软件、输入输出设备和数据库等组成，如图 11-7 所示。

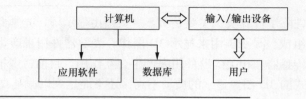

图 11-7
虚拟现实系统的组成

1. 计算机

在虚拟现实系统中，计算机是系统的"心脏"，被称为虚拟世界的发动机。它负责虚拟世界的生成、人与虚拟世界的自然交互等功能的实现。

由于所虚拟世界本身具有高度复杂性，尤其是在大规模的复杂场景中，生成虚拟世界所需的计算量极为巨大，因此虚拟现实系统中的计算机配置要求极高。计算机通常可分为基于高性能的个人计算机、基于高性能的图形工作站及超级计算机系统等。

2. 输入输出设备

在虚拟现实系统中，用户与虚拟世界之间要实现自然的交互，依靠传统的键盘与鼠标是无法实现的，必须采用特殊的输入输出设备，用以识别用户各种形式的输入，并实时生成相应的反馈信息。

常用的设备有用于手势输入的数据手套、用于语音交互的 3D 声音系统、用于立体视觉输出的头盔式显示器等。

3. 应用软件

为了实现虚拟现实系统，需要很多辅助软件的支持。这些辅助软件一般用于构建虚拟世界所需的素材。例如：在前期数据采集和图片整理时，需要使用 AutoCAD 和 Photoshop 等 2D 软件和建筑制图软件；在贴图时，需要使用 3ds Max、Maya 等 3D 软件；在准备音视频素材时，需要使用 Audition、Premiere 等软件。

为了将各种媒体素材组织在一起，形成完整的具有交互功能的虚拟世界，还需要专业的虚拟现实引擎软件，它主要负责完成虚拟现实系统中的模型组装、热点控制、运动模式设立、声音生成等工作。另外，它还要为虚拟世界和后台数据库、虚拟世界和交互硬件建立起必要的接口联系。成熟的虚拟现实引擎软件还会提供插件接口，允许客户针对不同的功能需求自主研发一些插件。

4. 数据库

虚拟世界数据库主要存放的是虚拟世界中所有物体的信息。在虚拟世界中含有大量的物体，在数据库中就需要有相应的模型。例如在显示物体图像之前，就需要有描述虚拟环境的 3D 模型数据库支持。

典型工作环节 2　了解虚拟现实系统软硬件的构成

要使用户获得身临其境的感受和体验，虚拟现实应用软件应该包含哪些功能呢？下面从 4 个方面进行介绍。

1. 3D 建模

主流的 3D 建模软件有 3ds Max、Maya，模型制作流程为：明确需求 → 分析素材 → 搭建外轮廓 → 制作中模 → 制作高模 → 匹配高低模 → 烘焙高低模 → 制作贴图 → 减面中模 → 分组整理模型大纲。

电子活页 11-1　　电子活页 11-2

3ds Max 介绍　　Maya 介绍

2. 多媒体呈现

对虚拟现实技术而言，除了能够还原真实的 3D 场景，音频、视频等常见的多媒体呈现也必不可少。以 VRC-Editor 为例，该虚拟现实开发软件支持 .mp3、.wav、.flac 等常见的音频格式，视频方面支持 .mp4、.wmv、.avi、.flv 等常见的视频格式。

3. 逻辑交互

（1）Unity 3D

电子活页 11-3

Unity 3D 介绍

Unity 3D 是由 Unity Technologies 公司开发的一个可以让用户轻松创建诸如 3D 视频游戏、建筑可视化、实时 3D 动画等类型互动内容的多平台综合型游戏开发工具，Unity 3D 的编辑器可运行于 Windows 或 macOS 系统，使用的是 C# 语言，简单、易用。

Unity 3D 支持的平台包括手机、平板电脑、个人计算机、游戏主机、增强现实和虚拟现实设备等。

电子活页 11-4

虚拟引擎 5
核心技术

（2）虚幻引擎

虚幻引擎 4 是由 Epic Games 公司制作的一整套游戏开发工具。虚幻引擎 4 利用了 C++11 标准的新特性，如果想使用它的所有功能，就必须使用一个支持 C++11 标准的编译器。除了 C++，还可以使用 UnrealScript 语言来开发虚幻引擎 4。UnrealScript 语言是一门专门为虚幻引擎设计的脚本语言，它能够很好地表现游戏逻辑。相对于 C++，UnrealScript 语言学习起来要容易得多。

此外，虚幻引擎 4 还支持蓝图来进行逻辑功能的开发。虚幻引擎中的蓝图可视化脚本系统是一个完整的游戏性脚本系统，此系统的基础概念是使用基于副本的界面在虚幻编辑器中创建游戏性元素。蓝图的底层其实还是 C++ 语言，即子类继承父类，获得父类所有的功能，如图 11-8 所示。

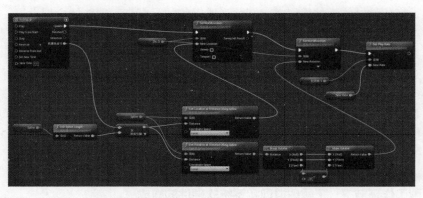

图 11-8
蓝图

（3）CryEngine

CryEngine（简称 CE3）是由德国 Crytek 公司研发的。CE3 具有许多绘图、物理和动画技术，是游戏业内认为堪比虚幻引擎 3 的游戏引擎。

（4）VRC-Editor

VRC-Editor 采用可视化编程的方式进行逻辑交互的开发，区别于蓝图，VRC-Editor 面向的开发人员不需要有很深的编程基础即可进行逻辑交互的开发工作。而且 VRC-Editor 还具有一键发布多终端的特色功能，使开发者不用掌握复杂的多平台开发技术即可在多平台发布（支持 PC 端虚拟现实及移动端虚拟现实等）。VRC-Editor 的逻辑编辑界面如图 11-9 所示。

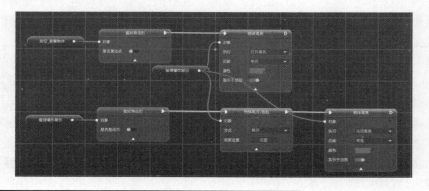

图 11-9
VRC-Editor 的
逻辑编辑界面

4.终端设备

目前，国内虚拟现实硬件产品以输出设备为主，可以分为移动端虚拟现实设备、PC 端虚拟现实设备和虚拟现实一体机。

（1）移动端虚拟现实

移动端虚拟现实设备被业内很多人认为是未来的主流虚拟现实设备。移动端虚拟现实设备相对来说技术含量较低、成本不高，推广更为迅速。但从消费者的沉浸感和交互性体验上来说，移动端虚拟现实设备要比 PC 端虚拟现实设备和虚拟现实一体机低很多，尤其是目前虚拟现实技术还在发展阶段，内容较少，较低的舒适度和体验感会影响消费者对移动端虚拟现实设备的评价。例如，市面上的虚拟现实眼镜盒子（见图 11-10）严格来说并不能算真正的虚拟现实设备，该产品仅仅在透镜上与虚拟现实有所关联。

图 11-10
虚拟现实眼镜盒子

（2）PC 端虚拟现实设备

虽然 PC 端虚拟现实设备（见图 11-11）相对于移动端虚拟现实设备存在操作烦琐、价格昂贵、携带不便等缺点，但其具有更好的体验感。以 Oculus Rift 为例，相比于 Grea VR，Oculus Rift 有定位追踪功能、更深层次的游戏体验和高保真环境。

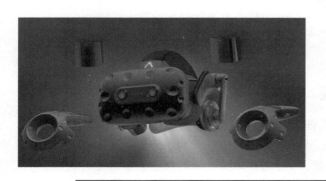

图 11-11
PC 端虚拟现实
设备

目前 PC 端虚拟现实设备还存在许多问题，使用时需要一定的空间及多项设备，如计算机、传感器等，并且设备对计算机的硬件要求也很高。如 HTC Vive 最低计算机配置要求是酷睿 i5+GTX 970，Oculus Rift 也类似。目前各技术公司正在努力优化显卡，PC 端虚拟现实设备对计算机硬件的要求也会随之降低，并且虚拟现实目前在

笔记

笔记

努力发展云端技术，未来或许不需要再连接计算机。

（3）虚拟现实一体机

虚拟现实一体机（见图 11-12）是具备独立处理器并且同时支持高清多媒体接口（High Definition Multimedia Iterface，HDMI）输入的头戴式显示设备，具备独立运算、输入和输出的功能。

图 11-12
虚拟现实一体机

相较 PC 端虚拟现实设备，虚拟现实一体机的便携性和易用性更佳；虚拟现实一体机的软硬件都可以进行定制，从而能达到最优的用户体验；虚拟现实一体机在存储和续航方面能也有更好的优化，可以更好地切换在线内容与本地内容；另外，虚拟现实一体机不限于移动端，也能接入计算机中的内容。

但是虚拟现实一体机需要具备独立的运算处理核心，因此具有更高的研发难度。目前虚拟现实一体机发展缓慢，短期无法形成较大的市场规模。

任务 11.3　构建虚拟仿真课件

任务描述

将虚拟现实全景教学与 3D 多人实时互动平台结合在一起的虚拟现实教学课件，能让师生瞬间获得革命性的教学体验。利用 VR 教学，可以在历史、地理、物理、化学、生物等各个学科提供虚拟现实的场景，加强学生对抽象概念的感知。虚拟现实教学课件提供了更有效率、更多元化的教学方式，从而使学习变得更简单、更快乐、更高效。

接下来就让我们通过 VRC-Editor 创建属于自己的课件吧！

任务目标

1. 安装 VRC-Editor，并且了解操作界面。
2. 使用 VRC-Editor 制作一个物体展示的教学课件。

> 小思考：根据前面学习的知识，我们已经了解到一款叫 VRC-Editor 的虚拟现实课件开发工具，那么怎样才能创建一个虚拟现实教学课件呢？

任务实现

典型工作环节 1　安装 VRC-Editor

VRC-Editor 可以实时获取多种 3D 辅助设计软件的数据内容，也可以自由搭建 3D 虚拟课程场景，结合 3D 立体沉浸式投影系统和交互设备，实现协同设计、可视管理、实时交互等多种体验功能。下面介绍 VRC-Editor 如何安装和操作。

1. 下载并安装 VRC-Editor

打开 VRC-Editor 官网，在首页中单击"免费下载"按钮，免费下载恒点互动课件编辑器软件，如图 11-13 所示。

下载完成后，双击下载好的文件进行软件的安装。

图 11-13
下载页面

2. VRC-Editor 的操作界面

VRC-Editor 的操作界面主要包括系统工具栏、环节配置界面、场景树界面、场景编辑窗口、属性设置面板等，如图 11-14 所示。

图 11-14
VRC-Editor 的
操作界面

（1）系统工具栏

系统工具栏主要包含撤销、前进、移动、旋转、缩放、界面部件、3D 工具、定位点、灯光、摄像机、声音、数据池、算法、组装模型、全局功能、项目、动画、场景、风格等用户常用的操作工具，以及保存、预览、发布等发布流程控制按钮。

（2）环节配置界面

在环节配置界面中，用户可通过单击加号增加实验的环节和子环节，用户可通过环节和子环节的设定，设计相应的实验框架和实验层次。

（3）场景树界面

场景树界面显示了场景中的所有对象列表，包括 UI 和场景模型。

（4）场景编辑窗口

场景编辑窗口用于展示在播放器中的对象，包括 UI 和场景模型，可对 UI 和 3D

物体进行操作。

可通过左下角的模式切换按钮将场景编辑窗口在 UI 编辑模式、场景编辑模式、混合编辑模式中进行切换。

UI 编辑模式只会显示 UI，场景编辑模式只会显示 3D 模型，混合编辑模式会将 UI 和 3D 模式混合显示。

（5）属性设置面板

当在场景树界面或者场景编辑窗口中选择一个对象时，右侧的属性设置面板会出现该对象的可修改属性，用户可以通过修改这些属性值调整对象在场景中的位置等属性。

当用户没有选择一个对象时，右侧的属性设置面板则会显示当前环节的配置信息。当使用的场景为真实光照场景时，用户还可以通过右侧的环境设置修改当时的天气，模拟天气变化。

（6）"发布工程"对话框

单击"发布"按钮后会弹出"发布工程"对话框，其中包括"发布到平台"和"发布到本地"两个单选按钮，如图 11-15 所示。

发布到平台指的是直接将成果文件发布到平台，可通过网页、App、智慧教室访问。

发布到本地指的是将成果文件保存到本地，同时又可以发布成上传到平台的包、Windows 版本（独立运行包）和 WebGL 版本（独立运行包）。

图 11-15
"发布工程"
对话框

典型工作环节 2　使用 VRC-Editor 制作教学课件

在对国产大飞机 C919 发动机的学习过程中，大家无法现场观察，在此就制作一个教学课件，使学生能够通过虚拟现实全方位地了解国产大飞机 C919 的发动机结构。

（1）打开 VRC-Editor，单击左侧的"新建工程"按钮，创建一个名为"国产大飞机 C919 发动机展示"的工程，如图 11-16 所示。

图 11-16
新建工程

（2）打开云资源界面，搜索"C919"，找到相应模型，并将其拖到场景中，如图 11-17 所示。

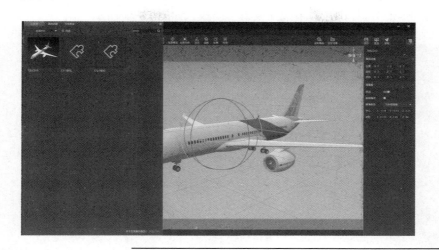

图 11-17
使用云资源中的
C919 模型

（3）在场景中按住鼠标右键，并且配合键盘的 A、S、D、W 键，将视野旋转到合适的位置和角度，并且在不选中任何模型的情况下，单击右侧属性设置面板中的"记录当前位置"按钮，保存当前视角，如图 11-18 所示。

（4）在场景中按住鼠标右键，并且配合键盘的 A、S、D、W 键，将视野旋转到观看发动机的合适位置和角度，并且单击系统工具栏中的"定位点"按钮，生成定位点。在选中定位点的情况下，单击右侧定位点属性中的"记录当前位置"按钮，修改定位点为当前视角，如图 11-19 所示。

图 11-18
保存最佳观察
视角

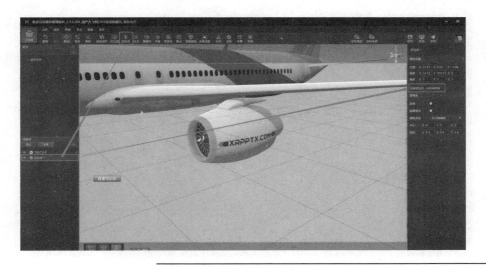

图 11-19
创建定位点并
调整位置

（5）单击系统工具栏中的"界面部件"按钮，从弹出的浮窗中拖出按钮，并将其命名为"查看发动机"，如图 11-20 所示。

（6）将鼠标指针移入"环节"面板中的项目大厅环节中，并单击右侧的环节交互按钮，打开项目大厅的"环节交互编辑"面板，如图 11-21 所示。

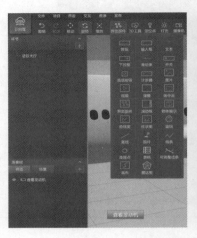

图 11-20
拖出交互按钮

图 11-21
打开项目大厅的"环节交互编辑"面板

（7）将场景树界面分类中的按钮和场景分类中的零件拖曳到"环节交互编辑"面板中。并且为按钮增加"鼠标单击时"事件，单击时，隐藏机身和另一个发动机，并且将视角跳转到定位点位置，同时没有隐藏的发动机播放爆炸展示动画，如图 11-22 所示。

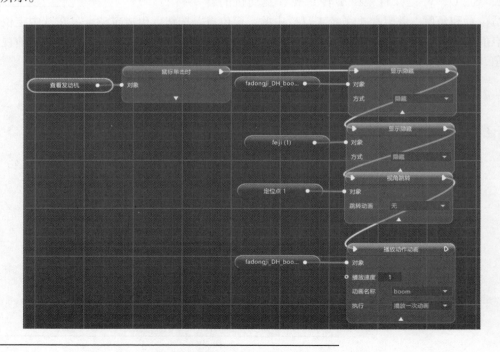

图 11-22
为按钮和模型
添加交互事件

（8）单击右上角的"预览"按钮，就可以查看效果。

（9）在预览场景中，通过 A、S、D、W 键和鼠标右键配合，可在场景中自由移动视角。当单击 UI 中的"查看发动机"按钮时，会根据之前的逻辑设定，先隐藏机身和另外一个发动机，然后将视角跳转到定位点位置，并且播放显示着的发动机的爆炸展示动画，此时场景中的发动机就会呈现出展开的效果，通过 A、S、D、W 键和鼠标右键配合，可以全方位地从不同角度观察展开后的发动机。预览效果如图 11-23 所示。

图 11-23
预览效果

（10）单击场景中右上角的"退出"按钮，可以返回编辑界面继续对课件进行编辑。

（11）在编辑界面中，单击右上角的"发布"按钮，可以将制作的课件发布到平台，或者发布到计算机上供别人使用，如图 11-24 所示。

图 11-24
发布课件

任务 11.4　练习

1. 选择题

（1）下列（　　　）不是虚拟现实系统的组成。

A. 输入设备　　　　B. 演示设备　　　　　　C. 软件系统　　　　D. 手柄

（2）下列（　　　）不是虚拟现实常用的数据图表类型。

A. 甘特图　　　　　B. 折线图　　　　　　　C. 饼图　　　　　　D. 散点图

（3）下列（　　　）不是常用的虚拟现实开发引擎。

A. Unity 3D　　　　B. VRC-Editor　　　　　C. 虚幻引擎　　　　D. Photoshop

（4）下列（　　　）是 VRC-Editor 的特色。

A. 采用 C# 开发语言，具有高效的运行效率

B. 逻辑编辑就是蓝图

C. 开发人员需要具备扎实的编程基础才可上手

D. 具有"一次功能开发，一键多终端发布"的特色

（5）下列（　　　）不是虚拟现实建模软件。

A. 3ds Max　　　　B. Maya　　　　　　　C. Creator　　　　　D. Excel

2. 填空题

（1）虚拟现实的特点包括（　　　　　）、（　　　　　）和（　　　　　）。

（2）虚拟现实是一种可以创建和体验虚拟世界的计算机系统，能够模拟人在自然环境中的（　　　　　）、（　　　　　）、（　　　　　）等行为的高度逼真的人机交互技术。

（3）虚拟现实的 3 个要素为（　　　　　）、（　　　　　）和（　　　　　）。

（4）（　　　　　）年美国标准与技术研究院"使用 VRML 的制造系统建模"，探讨了虚拟现实技术及在网络上的应用。

（5）请列举 4 个虚拟现实的应用领域：（　　　　　）、（　　　　　）（　　　　　）和（　　　　　）。

3. 实训题

C919 飞机，全称为 COMA C919，是我国按照国际民航规章自行研制、具有自主知识产权的大型喷气式民用飞机，性能与国际新一代的主流单通道客机相当。请发挥自己的想象，利用 VRC-Editor 中的功能和资源库中的 C919 飞机模型，参照任务 11.3，制作一个介绍 C919 的虚拟仿真课件。

学习单元 12 区块链基础

⋯⋯⋯

学习目标

【知识目标】

1. 识记：区块链的概念、特征、类型及发展历程。
2. 领会：区块链的技术要领、框架模型、应用场景。

【能力目标】

1. 能描述区块链的概念及技术特点。
2. 会运用区块链技术及思想解决实际生产、生活中的问题，如生活中的一些身份信息证明，运用区块链技术平台支撑就无须再证明。
3. 能区分区块链的类型，把握公有链、私有链、联盟链的含义。

【素质目标】

1. 能够根据现代信息技术的发展，联系实际应用了解区块链技术的理论知识及技术构成，在钻研技术学习中培养科学精神、协作精神。
2. 能够通过区块链的应用场景，深入领悟区块链技术，掌握其技术要领，由专业学习延伸到新技术学习，从专业知识学习与技能掌握上不断提升综合素养，培养自学能力及学无止境的精神。

⋯⋯⋯

单元导读

随着信息技术的不断发展，区块链技术在电子提单上的应用初显成效，利用区块链技术的信息同步、不可篡改以及智能合约等特点，加快航运业数字化转型，推动海运操作简单、便捷，让国际贸易更高效、可信，为此基于区块链技术在电子提单上的应用就诞生了。

随着贸易数字化越来越显著，作为全球供应链中的重要环节，具有节点众多、流程烦杂等特点的集装箱海运，其数字化的需求亦越来越强烈。融资难、鉴伪难，一直是困扰跨境贸易的金融难题。2018 年，中远海运集运与其他 8 家航运公司联合创建全球航运商业网络（Global Shipping Business Network，GSBN），其发展至今已经推出了基于区块链技术的无纸化放货产品与区块链正本电子提单。

为了让大家更好地了解区块链技术及应用，领会区块链技术在生活、工作场景中的应用，本单元制订了如下任务。

1. 初识区块链。
2. 探索区块链技术。
3. 了解区块链的应用。

任务 12.1　初识区块链

任务描述

新兴的信息技术总是让人充满新奇和幻想，诸如物联网、大数据、云计算等，区块链技术也是其中之一。那区块链又是什么？有哪些应用？要弄清这些问题，就让我们走进区块链学习领域吧！

任务目标

1. 了解区块链的本质。
2. 了解区块链的分类。
3. 了解区块链的发展历程。

> 小思考：我们在工作、学习和生活中有哪些区块链技术的应用？

任务实现

典型工作环节 1　了解区块链的本质

区块链是一种存储数字信息的方式，信息以区块形式进行存储，每一个区块中保存了一定的信息，它们按照各自产生的时间顺序连接成链条，因此得名"区块链"。图 12-1 所示为区块链示意。这个链条被保存在所有的服务器中，只要整个系统中有一台服务器可以工作，整条区块链就是安全的。这些服务器在区块链系统中被称为节点，它们为整个区块链系统提供存储空间和算力支持。如果要修改区块链中的信息，必须征得半数以上节点的同意并修改所有节点中的信息，而这些节点通常掌握在不同的主体手中，因此篡改区块链中的信息是一件极其困难的事。所以存储于其中的信息具有不可篡改、全程留痕、可以追溯、公开透明、集体维护等特征。基于这些特征，区块链技术奠定了坚实的"信任"基础，创造了可靠的"合作"机制，具有广阔的运用前景。

图 12-1
区块链示意

典型工作环节 2　了解区块链的分类

（1）根据网络范围，区块链可以分为公有链、私有链、联盟链，如图 12-2 所示。

①公有链指任何人都可读取、发送交易信息且交易能获得有效确认的、也可以参与其中共识过程的区块链。公有链的"去中心化"程度最强，账本信息公开透明，链上的所有数据默认公开，且不可更改，属于非许可链，即不需要许可，任何人都可以自由进出的区块链网络。目前，公有链是应用范围最广的区块链网络，代表项目有以太坊、币安公链。

笔 记

图 12-2
按网络范围
划分区块链

②私有链是单独对个人或组织开放的区块链系统，所有节点都掌握在同一家机构手中，只有该机构具有读取和写入权限。私有链账本信息具有交易速度快、隐私程度高、交易成本低等特点。私有链属于许可链，只有被许可的节点才可以访问区块链网络，可以满足企业某些特殊的场景需求。目前，使用私有链较多的有金融、大数据等对数据隐私较为注重的行业。

③联盟链是一种多中心化或者部分中心化的区块链，介于公有链和私有链之间，是由若干个机构或组织共同创建，且仅服务联盟内的成员。联盟链内部有多个节点，成员可根据权限查看相关信息。联盟链介于私有链和公有链之间，属于半中心化区块链，联盟内的组织成员，获得许可后才可以进行记账。目前，国内的数字藏品平台多使用联盟链。联盟链代表项目有蚂蚁链、百度超级链、至信链。

（2）根据部署环境，区块链可以分为主链、测试链。

①主链又叫作主网，即正式上线的、独立的区块链。测试链是相对于主链的，具有相同功能但仅用于测试环境的区块链。主链能够有效提供对接的服务，手续费相对较低。而且各商业应用都能够快速地接入，业务安全性高于一般的网络，所以就能够真正得到企业的认可。

②测试链其实是为了在不影响主链正常使用的情况下，尝试新想法、新功能而建立的，测试链上的测试通证是不具备任何价值的。

（3）根据对接类型，区块链可以分为单链、侧链、互联链。

①单独运行的区块链系统称为单链。

②侧链并不是指某一种特定的区块链，而是所有遵循侧链协议的区块链。而侧链协议本质上是一种跨区块链解决方案，它可以让数字资产安全地从主链转移到其他区块链，又可以从其他区块链安全地回到主链，凭借这种主链与侧链之间进行转移的方式，以实现不同区块链之间的资产流通。

③互联链就是通过跨链技术，使各种不同的区块链之间互联互通，形成一个如同互联网一样交错纵横却又息息相关的生态区块链。

典型工作环节 3　了解区块链的发展历程

区块链是由一系列技术实现的去中心化经济组织模式，于 2009 年诞生。这个新兴产业还远未成熟，为方便介绍区块链的发展历程，可将其划分为 6 个发展阶段。

1. 技术实验阶段（2007—2009 年）

这一阶段由哈希函数、分布式账本、区块链、非对称加密、工作量证明等技术构成了区块链的最初版本。该阶段区块链仍处于一个少数人参与的技术实验阶段，相关商业活动还未真正开始。

2.“极客”小众阶段（2010—2012 年）

这一阶段主要是一些互联网技术的“极客”们在一些技术论坛上开始讨论区块链技术，并将区块链技术不断向前推进。

3. 市场酝酿阶段（2013—2015 年）

这一阶段区块链仍不具备进入主流社会经济的基础，只是进入大众视野，人们开始初步了解区块链，但其还没有被普遍认同。

4. 主流阶段（2016—2018 年）

这一阶段世界主流经济不确定性增强，主流经济风险增加，市场需求增大，交易规模快速扩张，成就了区块链的快速发展，出现区块链应用的大爆发。

5. 产业落地阶段（2019—2021 年）

这一阶段部分区块链项目初步落地，但仍需要几年时间接受市场的检验，属于快速试错过程，企业产品的更迭和产业内企业的更迭都会比较快。到 2021 年，在区块链适宜的主要行业领域中有一些企业已稳步发展起来，加密货币也得到应用。

6. 产业成熟阶段（约 2022—2025 年）

这一阶段，各种区块链项目落地见效之后，会进入激烈而快速的市场竞争和产业整合阶段，三五年内形成一些行业龙头，完成市场划分，区块链产业格局基本形成，相关法律法规基本健全，区块链对社会经济各领域的推动作用快速显现。

任务 12.2　探索区块链技术

任务描述

未来科技发展的一个重要方向是数字化，在数字化时代，数据的保护、收集、存储与计算非常重要。区块链最大的作用就是通过机器创造信任，保证数据的不可篡改性、真实性与安全性。本任务将从技术及应用的角度，讲解区块链的核心技术构成。

任务目标

1. 了解区块链的关键技术。
2. 掌握区块链的技术原理。

任务实现

典型工作环节 1　了解区块链的关键技术

区块链的关键技术包括 P2P 网络协议、共识机制、哈希算法、分布式账本等。

1. P2P 网络协议

P2P 网络协议负责交易数据的网络传输和广播、节点发现和维护。

2. 共识机制

在分布式系统中，会有多个机器节点，因此需要一个“协调者”，而各个节点就是“参与者”，协调者统一调度所有分布式节点的执行逻辑，这些被调度的分布式节点就是“参与者”。共识机制就是所有记账节点之间怎么达成共识，去认定一个记录的有效性，这既是认定的手段，也是防止篡改的手段。区块链提出了多种不同的共识机制，适用于不同的应用场景，在效率和安全性之间取得平衡。

3. 哈希算法

在区块链领域，应用得最多的是哈希算法，哈希算法具有抗碰撞性、原像不可逆、难题友好性等特征。非对称加密存储在区块链上的交易信息是公开的，但是账户身份信息是高度加密的，只有在数据拥有者授权的情况下才能访问到，从而保证了数据的安全和个人的隐私。

4. 分布式账本

分布式账本指的是交易记账由分布在不同地方的多个节点共同完成，而且每一个节点记录的都是完整的账目，因此它们都可以参与交易监督，同时也可以共同为其作证。

与传统的分布式存储有所不同，区块链的分布式存储的独特性主要体现在两个方面：一是区块链每个节点都按照块链式结构存储完整的数据，传统分布式存储一般是将数据按照一定的规则分成多份进行存储；二是区块链每个节点存储都是独立的、地位等同的，依靠共识机制保证存储的一致性，而传统分布式存储一般是通过中心节点往其他备份节点同步数据。没有任何一个节点可以单独记录账本数据，从而避免了单一记账人被控制或记假账的可能。

典型工作环节 2　掌握区块链的技术原理

区块链是分布式数据存储、点对点传输、共识机制、加密算法等计算机技术的新型应用模式。下面讲解其技术原理。

1. 分布式数据存储

传统的分布式存储系统在本质上还是一个中心化的系统，将数据分散存储在多台独立的设备上，采用可扩展的系统结构、利用多台存储服务器分担存储负荷、利用位置服务器定位存储信息。而基于 P2P 网络的分布式存储是区块链的核心技术，将数据存储于区块上，并通过开放节点的存储空间建立一种分布式数据库，以提高网络的运作效率，解决传统分布式存储的服务器瓶颈、带宽带来的访问不便等问题，实现按数据的文件路径访问，而不是按地址访问。

电子活页 12-1

分布式数据存储的特征

2. 点对点传输

区块链点对点传输也叫作"对等网络"，英文全称为"Peer to Peer"，简称为"P2P"。与区块链去中心化概念相呼应，P2P 网络是无中心服务器、依靠用户群交换信息的互联网体系。以往人们使用的都是有中心服务器的中央网络 C/S（Client-Server，客户/服务器）系统，如当进行手机支付、发送邮件、发送文件、微信聊天等时，这些应用背后都存在第三方机构，这些机构就是一个个中心服务器。

3. 共识机制

共识机制指在一个时间段内对事物的前后顺序达成共识的一种算法，是区块链技术应用的核心，能够解决如何维护全网数据一致性的问题。

区块链作为一种按时间顺序存储数据的数据结构，可支持不同的共识机制。区块链上采用不同的共识机制，在满足一致性和有效性的同时，会对系统的整体性能产生不同影响。通常主要从以下 4 个角度评价各共识机制。

笔记

（1）安全性，即是否可以防止二次支付、自私盗窃等攻击，是否有良好的容错能力。

（2）扩展性，即是否支持网络节点扩展。

（3）性能效率，即从交易达成共识被记录在区块链中至被最终确认的时间延迟，也即系统每秒可处理确认的交易数量。

（4）资源消耗，即在达成共识的过程中，系统所要耗费的计算资源大小，包括 CPU、内存等。

电子活页 12-2

主流的共识
机制

4. 加密算法

加密算法是区块链技术的重要组成部分，区块链领域常用的加密算法包括哈希算法、椭圆曲线算法、Base58 编码、零知识证明。

密码技术是区块链最核心、最底层的技术，是区块链系统安全运行的基石。密码技术在区块链的各个环节都有应用。

电子活页 12-3

密码技术

小思考：数字化时代来临，我们要如何面对？

任务 12.3 了解区块链的应用

任务描述

凭借去中心化、不可篡改等特点，区块链的应用已延伸到物联网、智能制造、供应链管理、数字资产交易等多个领域。本任务从技术应用可感知接触的视角，讲解区块链的应用领域及具体应用场景。

任务目标

1. 了解区块链技术的应用领域。

2. 了解区块链技术的就业前景。

电子活页 12-4

区块链的应用
场合

任务实现

典型工作环节 1 了解区块链技术的应用领域

通俗地说，区块链技术可以在无须第三方背书的情况下实现系统中所有数据信息的公开透明、不可篡改、追溯。区块链作为一种底层协议或技术方案可以有效地解决信任问题，实现价值的自由传递，在数字货币、金融资产交易结算、数字政务、存证防伪、数据服务等领域具有广阔前景。

1. 数字货币

在经历了实物、贵金属、纸钞等形态之后，数字货币已经成为数字经济时代的发展方向。相比实体货币，数字货币具有易于携带与存储、低流通成本、使用便利、易于防伪和管理、打破地域限制、能更好地整合等特点。数字货币在技术上实现了无须第三方中转或仲裁，交易双方可以直接相互转账的电子现金系统。

我国早在 2014 年就开始了央行数字货币的研制。我国的数字货币 DC/EP 采取双层运营体系：央行不直接向社会公众发放数字货币，而是由央行把数字货币兑付给各个商业银行或其他合法运营机构，再由这些机构兑换给社会公众使用。2019年8月初，央行召开下半年工作电视会议，会议要求加快推进国家法定数字货币的研发步伐。

2. 金融资产交易结算

区块链技术天然具有金融属性，它正在对金融业产生颠覆式影响。支付结算方面，在区块链分布式账本体系下，市场多个参与者共同维护并实时同步一份"总账"，短短几分钟内就可以完成现在两三天才能完成的支付、清算、结算任务，降低了跨行跨境交易的复杂性和成本。同时，区块链的底层加密技术保证了参与者无法篡改账本，确保交易记录透明、安全，监管部门可以方便地追踪链上交易，快速定位高风险资金流向。证券发行交易方面，传统股票发行流程长、成本高、环节复杂，区块链技术能够弱化承销机构的作用，帮助各方建立快速、准确的信息交互共享通道，发行人通过智能合约自行办理发行，监管部门统一审查核对，投资者也可以绕过中介机构直接操作。数字票据和供应链金融方面，区块链技术可以有效解决中小型企业融资难问题。

3. 数字政务

区块链的分布式技术可以让政府部门集中到一个链上，所有办事流程交付给智能合约，办事人只要在一个部门通过身份认证以及电子签章，智能合约就可以自动处理并流转，按顺序完成后续所有审批和签章。区块链发票是国内区块链技术最早落地的应用。税务部门推出区块链电子发票"税链"平台，税务部门、开票方、受票方通过独一无二的数字身份加入"税链"网络，真正实现"交易即开票""开票即报销"，大幅降低了税收征管成本，有效解决数据篡改、一票多报、偷税漏税等问题。

4. 存证防伪

区块链可以通过哈希时间戳证明某个文件或者数字内容在特定时间的存在，加之其公开透明、不可篡改、可以追溯等特性为司法鉴证、身份证明、产权保护、防伪溯源等提供了完美的解决方案。在知识产权领域，通过区块链技术的数字签名和链上存证可以对文字、图片、音频、视频等进行确权，通过智能合约创建执行交易，让创作者重掌定价权，实时保全数据形成证据链，同时覆盖确权、交易和维权三大场景。在防伪溯源领域，通过供应链跟踪区块链技术可以被广泛应用于食品医药、农产品、酒类、奢侈品等领域。

5. 数据服务

区块链技术将大大优化现有的大数据应用，在数据流通和共享上发挥巨大作用。未来互联网、人工智能、物联网都将产生海量数据，现有中心化数据存储（计算模式）将面临巨大挑战，基于区块链技术的边缘存储（计算）有望成为解决方案。再者，区块链对数据的不可篡改和可以追溯机制保证了数据的真实性和高质量，这成为大数据、深度学习、人工智能等一切数据应用的基础。最后，区块链可以在保护数据隐私的前提下实现多方协作的数据计算，有望解决"数据垄断"和"数据孤岛"问题，实现数据流通价值。针对当前的区块链发展阶段，为了满足一般商业用户区块链开发和应用需求，众多传统云服务商开始部署自己的区块链即服务（Blockchain as a Service, BaaS）解决方案。区块链与云计算的结合将有效降低企业区块链部署成本，推动区块链应用场景落地。未来区块链技术还会在保险、能源、物流、物联网等诸多领域发挥重要作用。

典型工作环节2　了解区块链技术的就业前景

要想通过学习区块链技术实现就业，可以重点关注以下几个学习方向。

1. 金融领域

金融领域是区块链技术重点的落地应用场景，所以可以重点关注一下区块链在金融领域应用的相关知识。随着未来区块链技术在金融领域的落地应用，整个金融体系会有更大的人才需求量。

2. 大数据领域

从区块链自身的技术特点来看，大数据和区块链的结合是一种发展的必然。大数据当前正处在落地应用的初期，未来大数据在工业互联网领域将会发挥出越来越重要的作用，因此区块链在大数据领域的应用场景也会逐渐得到扩展。

> 小思考：你还知道区块链有哪些应用场景？一起来谈谈吧！

任务 12.4　练习

1. 选择题

（1）【多选】关于区块链技术的特点，以下描述正确的有（　　）。

A. 去中心化　　　　B. 去中介化　　　　　　C. 不可篡改　　　　　　D. 集体维护

（2）【多选】以下关于区块链的功能，描述正确的有（　　）。

A. 增加信任　　　　B. 成本降低　　　　　　C. 效率提高　　　　　　D. 无须上链

（3）【多选】区块链智能合约本质特征包括（　　）。

A. 增加信任　　　　B. 成本降低　　　　　　C. 效率提高　　　　　　D. 去中心化

（4）【多选】区块链的共识机制包括（　　）。

A. 工作量证明机制　　　　　　　　　　B. 权益证明机制

C. 股份授权证明机制　　　　　　　　　D. Pool 验证池

（5）【多选】区块链领域用到的密码学技术，简单来说主要有（　　）。

A. 加密　　　　　　B. 认证　　　　　　　　C. 识别　　　　　　　　D. 注册

（6）【多选】区块链的去中心化优点有（　　）。

A. 容错力　　　　　B. 抗攻击力　　　　　　C. 防勾结串通　　　　　D. 无须上链

2. 填空题

（1）区块链是分布式数据存储、（　　　　　）、（　　　　　）、加密算法等计算机技术的新型应用模式。

（2）区块链上内容都是公开的，包括区块的（　　　　　）、（　　　　　）。

（3）以太坊（Ethereum）是一个开源的有（　　　　　）功能的公共区块链平台，通过其专用加密货币以太币（Ether，ETH）提供（　　　　　）的以太坊虚拟机（Ethereum Virtual Machine）来处理点对点合约。

3. 实训题

【实训目的】

（1）了解区块链技术的整体框架。

（2）掌握区块链的存储结构。

【实训要求】

（1）如何构建区块链？

（2）如何保障系统无法攻破且让数据持久保存？

（3）如何实现历史记录无法更改？

笔 记